ÉTUDE

SUR

LES EAUX MINÉRALES

DE NAUHEIM

PARIS. — TYPOGRAPHIE DE HENRI PLON,
IMPRIMEUR DE L'EMPEREUR,
8, RUE GARANCIÈRE.

ÉTUDE

SUR

LES EAUX MINÉRALES

DE NAUHEIM

PAR A. ROTUREAU,

DOCTEUR EN MÉDECINE,

MEMBRE TITULAIRE DE LA SOCIÉTÉ D'HYDROLOGIE MÉDICALE DE PARIS,

AVEC

CONSIDÉRATIONS ET ANALYSES CHIMIQUES

PAR AD. CHATIN,

Professeur à l'Ecole supérieure de pharmacie de Paris,

Membre de l'Académie impériale de médecine,

Chevalier de la Légion d'honneur.

PARIS.

LABÉ, LIBRAIRE DE LA FACULTÉ DE MÉDECINE,

PLACE DE L'ÉCOLE-DE-MÉDECINE, N° 6.

1856

A MES CONFRÈRES.

Le travail que je publie sur les eaux de Nauheim est un extrait de notes recueillies aux diverses sources de France, d'Espagne, du grand-duché de Bade, de la Hesse électorale, du duché de Nassau, de Prusse et de Belgique.

Depuis quelques années, les eaux thermales ont pris une importance si grande, particulièrement dans le traitement de certaines maladies chroniques, que la nécessité de leur étude est devenue incontestable. Mais, dans l'état actuel de la science, cette étude m'a paru difficile sans recueillir aux différents établissements thermaux les enseignements d'une expérience directe; et c'est sous l'influence de cette conviction que j'ai commencé mes excursions.

Pour que l'expérience fût satisfaisante, il fallait non-seulement constater la composition chimique des eaux, mais encore reconnaître sur quelles maladies elles peuvent exercer leur action, et déterminer la nature et l'utilité de leurs effets.

J'ai donc eu soin, afin de réunir tous ces documents, de faire aux établissements minéraux deux visites, la première au moment où la saison venait de s'ouvrir, et la seconde avant qu'elle fût terminée.

Je n'ai pas manqué non plus d'ajouter à mes observations personnelles les renseignements si précieux des médecins attachés aux sources que je visitais.

Je ne dirai pas que le résultat de mes efforts a dépassé mes espérances; mais en faisant cette étude, pleine au surplus d'attraits, j'ai acquis la conviction que la publication de notes qui n'étaient pas destinées à voir le jour pourrait être opportune.

J'ai l'intention de publier, lorsque mes recherches auront été complétées, un travail d'ensemble sur les eaux minérales de l'Europe; mais je me laisse entraîner au désir d'essayer, dès à présent, de mettre en ordre une partie des matériaux que j'ai amassés déjà.

Les eaux de Nauheim ont attiré d'abord mon attention, et j'ai hâté la publication de mon travail en ce qui les concerne, parce que leur vertu est moins connue, surtout en France, et aussi parce qu'elles sont appelées, suivant moi, dans un temps peu éloigné, à un rôle important comme agent thérapeutique.

On trouvera surtout dans ce travail des aperçus pratiques. C'est à ce point de vue que je m'étais exclusivement placé, et j'ai voulu conserver à mes notes leur véritable caractère en reproduisant, pour ainsi dire textuellement, des observations faites tant sur moi-même que sur les malades.

Cette notice sera, je l'espère, accueillie avec bienveillance, et si les documents qu'elle renferme sont reconnus utiles, j'aurai atteint le but que je me suis proposé.

Dans tous les établissements que j'ai parcourus, j'ai trouvé les médecins spéciaux empressés à me donner les éclaircissements que je réclamais d'eux, et je suis heureux de dire combien j'ai eu à me louer de leur obligeance.

Puisque je vais parler seulement de Nauheim, qu'il me soit permis de remercier d'une façon toute particulière mon excellent confrère et ami le docteur Bodé, inspecteur des sources, et M. R. Ludwig, inspecteur des salines. Ils m'ont prêté, l'un et l'autre, un concours infiniment précieux dans l'étude et les expériences dont je publie aujourd'hui l'analyse.

Paris, le 2 novembre 1855.

A. ROTUREAU.

ÉTUDE

SUR

LES EAUX MINÉRALES

DE NAUHEIM.

J'ai divisé ce travail en deux parties. La première comprend : 1° la topographie de Nauheim et l'historique de ses eaux ; 2° sa géologie et l'explication du jaillissement de ses sources ; 3° leur description et leur analyse chimique.

La seconde traite spécialement de l'action physiologique et thérapeutique des eaux et de leur gaz, employés soit à l'intérieur, soit à l'extérieur.

PREMIÈRE PARTIE.

CHAPITRE PREMIER.

TOPOGRAPHIE DE NAUHEIM. — NOTIONS HISTORIQUES SUR LES SOURCES.

I. Chef-lieu d'une enclave de la Hesse électorale, Nauheim est situé sur la pente nord-est du Taunus, dans une vallée nommée la Wetterau, dont les plaines sont riches et fertiles.

A 24 kilomètres à peine de Francfort, sur le chemin de fer du Mein-Weser, Nauheim est à 200 lieues environ de Paris. Vingt heures suffisent pour s'y rendre par le chemin de fer de l'Est.

Dès que la locomotive a franchi la gare de Friedberg, une lieue avant la station de Nauheim, on aperçoit les logements de gradation des salines, le parc de l'établissement thermal, l'élégant pavillon du débarcadère, et, en face, la gerbe écumante de la source du Frédéric-Guillaume.

Le parc de l'établissement a 18 hectares de superficie; il est traversé dans toute sa longueur par la petite rivière de l'Usa, qui alimente une magnifique pièce d'eau, offrant à la fois les plaisirs de la pêche et ceux des promenades en barque.

Les deux sources des buveurs, le *Kurbrunnen* et le *Salzbrunnen*, très-rapprochées l'une de l'autre, se trouvent dans la partie du parc la plus voisine de la ville.

Plus loin sont les trois sources qui servent à l'usage des bains, le *Kleiner-Sprudel*, le *Grosser-Sprudel* et le *Friedrich-Wilhelm*.

Deux autres sources existent en dehors du parc, nommées, l'une *Schwalheim*, l'autre *Alkalischer Saüerling*.

L'eau de Schwalheim est exclusivement employée comme boisson d'agrément pendant les repas, et elle est appréciée à l'égal de Selters, sa voisine du grand-duché de Nassau. Son succès dans certaines affections d'estomac la destine à une faveur méritée dans un avenir prochain.

L'eau de l'Alkalischer-Saüerling n'a pas encore été utilement appliquée.

Je dirai quelques mots de ces deux sources après avoir parlé de celles qui servent, pour ainsi dire exclusivement, dans la cure des maladies, et se trouvent dans l'enceinte de l'établissement thermal.

II. Les eaux de Nauheim ont été employées à l'extérieur, dans le traitement de certaines affections, par les Romains, les Celtes et les Germains, qui en retiraient aussi du sel marin. Les sources connues alors, dont une seule existe encore aujourd'hui, coulaient au niveau du sol.

Il n'y a guère plus d'un siècle que le gouvernement de la Hesse électorale a commencé à faire exploiter les eaux salées de Nauheim pour en extraire le chlorure de sodium. Les logements de gradation ont été établis et développés depuis cette époque.

Lorsque les moyens pour obtenir le sel devinrent plus conformes aux règles de l'art, les sources connues étant insuffisantes, on entreprit des forages artésiens, qui ont fait découvrir celles que l'on possède aujourd'hui.

Les premiers forages remontent à 1816. C'est à dater de cette époque seulement que les eaux de Nauheim ont repris leur rang au nombre des agents thérapeutiques. On découvrit alors, à 43 pieds de profondeur, une première source bouillonnante, dont la chaleur était de 22° c.

Les recherches parfaitement régulières ne remontent pas au delà de 1823 et se firent, au moyen d'une série de forages, des deux côtés de la petite rivière de l'Usa. La source du Kleiner-Sprudel, découverte la première, a été maintenue à peu près dans son état primitif. On y a exécuté seulement les travaux nécessaires pour la captation du gaz, que l'on emploie aujourd'hui en bains, en douches ou à l'intérieur.

Les sources principales ne sont connues que depuis dix années environ. Le Kurbrunnen date de 1849, le Salzbrunnen de 1851, et le Frédéric-Guillaume de mai 1855. Le Grosser-Sprudel, dont la source avait jailli en 1846, a jailli de nouveau en mars dernier, après avoir momentanément disparu.

On a commencé l'aménagement de ces sources il y a à peine neuf ans; il est presque complétement achevé aujourd'hui.

Si l'on veut avoir une idée exacte des diverses forures qui ont été pratiquées, on peut consulter la planche où elles sont indiquées dans leur ordre de creusement, et représentées sur un même plan, qui coupe le sol des environs de Nauheim en traversant le Grand-Sprudel et en s'avançant à l'ouest vers la chaîne du Taunus. Il est facile de se rendre compte, sur ce plan, de leurs diverses profondeurs; mais, comme il est impossible de comprendre le résultat des forages qui ont eu lieu à Nauheim sans explications préalables, je crois devoir consacrer un chapitre à la géologie de cette contrée de l'Allemagne, et donner, d'après MM. Ludwig et Drescher, la théorie nouvelle du jaillissement de ces sources. Je ferai, dans cette partie, de larges emprunts aux travaux publiés par ces deux savants.

CHAPITRE II.

GÉOLOGIE. — EXPLICATION DU JAILLISSEMENT DES SOURCES.

§ 1er.

Géologie.

I. Le sol des environs de Nauheim offre à sa surface une couche moyenne de terrain d'alluvion. Au-dessous on trouve du gravier et de l'argile de formation tertiaire, puis plusieurs fortes couches de psammite formant avec l'horizon un angle de 70°. Les forces intérieures qui, agissant de l'ouest à l'est, ont soulevé le Taunus, leur ont imprimé cette position. Le schiste micacé, non disposé en couches, qu'on rencontre à l'ouest et à l'est, tantôt horizontal et tantôt incliné, est un sédiment de la mer de psammite (*voir* la planche).

De nombreuses couches de lignite sont disséminées dans les terrains tertiaires. Au-dessous de ces terrains s'étendent, jusqu'à une profondeur de 9 à 10,000 pieds, des lits de calcaire, d'argile et de grès qui ne reparaissent à la surface qu'à une grande distance. Ils sont perpendiculaires. C'est le long des principales couches de ces lits que s'élève l'eau salée et chargée d'acide carbonique, pour se ré-

Profil géologique des environs de Nauheim.

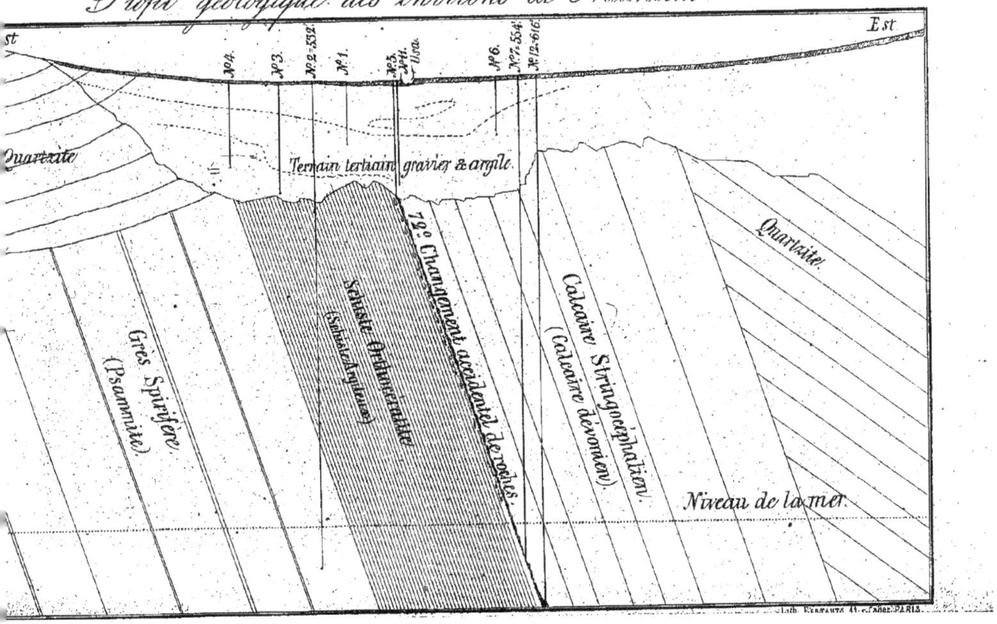

st

Est

No4.
No3.
No2=532.
No1.
No5.
No11.
Usa.
No6.
No7=554.
No12=616.

Quartzite

Terrain tertiaire gravier & argile.

72° Changement accidentel de roches.

Grès Spirifère (Psammite).

Schiste Orthoceratite (Schiste Argileux)

Calcaire Stringocéphalien (Calcaire dévonien).

Quartzite.

Niveau de la mer.

Lith. ... PARIS

pandre dans les terrains tertiaires supérieurs et former les sources. On rencontre aussi dans ces terrains, à l'est et au nord-est, tantôt réunies et tantôt isolées, des roches volcaniques du Vogelsberg. On n'y trouve pas de sel gemme, mais il existe, le long des roches traumatiques du Rhin, des formations houillères qui contiennent du chlorure de sodium. C'est une particularité qui veut être remarquée, car elle fournit l'explication de l'origine des sources salées qui s'observent dans la chaîne du Taunus, de Kreusnach à Nauheim, et spécialement dans la Wetterau.

Je n'ai pas l'intention d'insister longuement sur la question intéressante de l'origine des sources; j'en dirai cependant quelques mots.

II. On explique, en général, de deux manières la formation des eaux minérales salées : les unes proviennent de dépôts souterrains de sel gemme baignés d'eau douce, et les autres ont pour cause les infiltrations des eaux de la mer. Mais ni l'une ni l'autre de ces explications ne saurait convenir aux eaux de Nauheim. D'abord, l'analyse géologique a démontré que les terrains ne renferment pas de sel gemme; d'un autre côté, on rencontre l'eau salée sous des couches superficielles du sol à 500 pieds *au-dessus* du niveau de la mer; et quant aux sources du Frédéric-Guillaume et du Grosser-Sprudel, qui sont, la première à 107, et la seconde à 45 pieds *au-*

dessous du niveau de la mer, les couches qui renferment leur lac inférieur étant inclinées vers le nord-ouest, c'est-à-dire à l'encontre des mers les plus proches, forment obstacle à toute communication avec ces mers. Au sud-est, on ne trouve aucune mer dont elles puissent recevoir les eaux. Il a donc fallu chercher une troisième explication, et il me semble que l'on a attribué avec raison l'origine des eaux salées de Nauheim à la solution du chlorure de sodium des formations houillères, qui, comme tous les sédiments de la mer, contiennent ce chlorure en abondance.

III. J'arrive à la théorie du jaillissement des sources. En l'exposant, j'aurai l'occasion de parler du développement de l'acide carbonique et de ses effets.

§ 2.

Théorie nouvelle du jaillissement des sources de Nauheim.

Jusqu'à ces derniers temps, une loi unique servait à expliquer le jaillissement des puits artésiens : je veux parler de la loi des tubes communiquants.

Par l'effet de l'égale attraction de la terre sur chaque molécule d'eau, toute masse liquide en repos forme une surface plane ; et c'est une conséquence de cette donnée scientifique que, dans toutes les parties de canaux ou tubes en communication, l'eau tende sans cesse à atteindre le même niveau. Ainsi, il y a près de Cassel un étang situé au sommet d'une colline; ses eaux ont été conduites à l'aide de tuyaux dans un vallon où elles s'élancent avec force à plus de 140 pieds dans les airs ; et il est certain que, si elles étaient renfermées dans un tube aussi élevé que l'étang, elles monteraient presque à la même hauteur, c'est-à-dire à 250 pieds environ.

Cet exemple est facile à saisir. Le jaillissement des sources, sous l'influence de la même loi, n'est pas plus difficile à comprendre. Supposez, en effet, une nappe d'eau enfermée dans la partie supérieure d'une montagne; remplacez les tubes par des infiltrations conduisant l'eau dans les parties inférieures du sol où elle formera une nappe nouvelle reposant sur un bassin imperméable comme base horizontale, et dominée par une autre couche imperméable aussi et rentrante; ouvrez enfin cette dernière couche en un point déterminé, l'eau jaillira par la forure artificielle ou accidentelle, et tendra, cherchant son niveau, à s'élever jusqu'à la hauteur de la nappe d'où elle est descendue.

Mais, lorsque la nappe originaire est *au-dessous* du niveau du sol, l'eau n'atteint, par l'effet de la même loi, qu'une hauteur nécessairement inférieure. Et il est clair que, par cela même, dans ces conditions, il ne peut pas y avoir de source jaillissante.

Or ces conditions existent précisément pour les sources de Nauheim : si donc la loi des tubes communiquants est vraie dans les circonstances que j'ai rappelées plus haut, elle est, au contraire, ici évidemment impuissante, et le jaillissement des sources ne saurait être expliqué qu'à l'aide de principes et de lois d'un autre ordre.

On doit la découverte de ces principes et de ces lois aux travaux de MM. Bunsen et Bromeis, et surtout aux recherches si étendues et si attentives de M. Ludwig. Les ouvrages de Gustave Bischoff sur la partie physique et chimique de la géologie ont aussi beaucoup contribué à éclairer cette question importante.

Deux causes concourent à produire le jaillissement des sources de Nauheim, la chaleur intérieure du globe et la décomposition chimique des minéraux carbonatés.

Ce n'est pas ici le lieu de donner l'analyse chimique complète des eaux de Nauheim; mais je dois indiquer quelques éléments principaux sans lesquels je ne pourrais expliquer clairement pourquoi elles sont à la fois salées et jaillissantes.

Ces éléments sont au nombre de trois : 1° l'eau, 2° le chlorure de sodium, 3° le gaz acide carbonique. Or, il faut noter que la quantité de gaz carbonique est considérable, puisque M. Ludwig l'évalue, à sa sortie, à 175,000 pieds cubes par jour pour Nauheim, et à 242,000 pieds cubes pour le territoire de la Wetterau.

Essayons maintenant de descendre dans l'intérieur de la terre, au point où sont réunies des eaux ainsi composées, et efforçons-nous de reconnaître les phénomènes qui vont s'accomplir sous l'influence de la chaleur de la terre et de la décomposition chimique des minéraux carbonatés.

Deux effets devront immédiatement se produire, deux effets qui vont devenir des forces nouvelles.

D'un côté, il se forme, sous l'influence de la chaleur, de la vapeur d'eau exerçant une pression plus ou moins grande, selon le degré de la chaleur elle-même.

D'un autre côté, on sait que la force d'expansion de l'acide carbonique est plus considérable que celle de l'air; qu'elle se développe ainsi que la vapeur d'eau sous l'influence de la chaleur, et que, par exemple, à la température de 29° elle s'élève, dans l'eau qui en est saturée, à la puissance de trois atmosphères.

Voilà donc et ces forces et ces eaux renfermées ensemble dans un même milieu et comprimées à l'intérieur du sol. Un forage est pratiqué et va offrir une issue aux unes et aux autres.

Eau salée, vapeur et gaz s'échappent, montent

à la fois et viennent jaillir mélangées à la surface, avec une impétuosité qui dépend de causes que je n'ai pas à étudier ici.

M. Ludwig, en parlant du Sprudel, a représenté cette formation des eaux jaillissantes de Nauheim par une expérience très-ingénieuse et que voici :

« Si nous prenons, dit-il, un vase à large ouverture, à demi rempli de calcaire ou de craie et recouvert d'un feutre à travers lequel passe un tube de verre large d'un pouce et long de deux à trois pieds, et si nous mettons ensuite le tout dans un autre vase plus haut de neuf pouces et rempli d'acide chlorhydrique étendu d'eau, ce liquide pénétrera le feutre, arrivera à la chaux, en dégagera l'acide carbonique, et, mêlé avec ce dernier, sortira en jet écumeux du tube de verre. »

C'est de la même manière que, dans le sein de la terre, l'eau thermale produisant elle-même, le plus souvent, la décomposition des parties riches en acide carbonique, absorbe cet acide, et grâce à sa force d'expansion, vient jaillir à la surface du sol.

Un phénomène analogue, mais moins complet, a lieu lorsqu'on débouche une bouteille remplie d'un liquide contenant en suspension de l'acide carbonique. Tout le monde sait, en effet, que le gaz, dégagé de toute pression, sort avec vivacité entraînant, sous forme de mousse, une portion du liquide avec lui. Je n'ai pas indiqué, comme une des conditions indispensables au jaillissement, les dimensions de la forure, elles ont cependant une très-grande importance; mais leurs règles sont les mêmes, qu'il s'agisse des sources dont le jaillissement a pour cause la loi du siphon, ou de celles qui jaillissent en vertu de tout autre principe. Je n'avais pas, par conséquent, à m'en occuper.

Il me reste à signaler ici une conséquence des lois appliquées par M. Ludwig, d'autant plus curieuse qu'elle s'est produite pour l'une des sources de Nauheim, le Grosser-Sprudel, et que son explication même est venue justifier l'exactitude de notre loi.

On conçoit que le degré de la pression atmosphérique, qui forme l'un des obstacles à l'ascension naturelle des sources, joue un grand rôle dans les accidents qui amènent leur apparition.

On a remarqué, sur les sources connues, que lorsque le baromètre est descendu, le jet s'élève à une plus grande hauteur, et qu'il s'abaisse, au contraire, lorsqu'il est remonté.

Quand, en 1846, le Grosser-Sprudel inonda tout à coup la vallée, ce fut au milieu d'un ouragan violent accompagné d'un abaissement considérable du baromètre; et il a été démontré que cette apparition inattendue devait être attribuée à une diminution momentanée, mais sensible, de la pression atmosphérique.

Je me résume :

1° Les sources thermales de Nauheim ne sont pas salées par des dépôts de sel gemme, ou par l'effet des infiltrations de l'eau de mer.

2° Elles le sont par la dissolution du chlorure de sodium contenu dans les couches houillères.

3° Les sources de Nauheim ne jaillissent point en vertu de la théorie du siphon, universellement admise et presque toujours vraie.

4° Elles jaillissent en vertu de la force d'expansion et de la pression de l'acide carbonique, dont elles sont saturées et qui se trouve à leur surface. Toutefois, on doit aussi, dans de certaines limites, tenir compte de la puissance de la vapeur d'eau que développent la chaleur intérieure de la terre et la chaleur produite par la décomposition chimique des carbonates calcaires.

CHAPITRE III.

DESCRIPTION ET ANALYSE CHIMIQUE DES SOURCES.

Je vais m'occuper successivement, et d'une manière spéciale, dans ce chapitre, de chacune des sources dont j'ai eu l'occasion de parler déjà en traitant de la topographie de Nauheim, et je rappelle d'abord leurs noms dans l'ordre même que je me propose de suivre.

Les sources contenues dans le parc de l'établissement sont :

1° LE KURBRUNNEN,

2° LE SALZBRUNNEN,

3° LE GROSSER-SPRUDEL,

4° LE FRIEDRICH-WILHELM,

5° LE KLEINER-SPRUDEL.

En dehors se trouvent les sources de *Schwalheim* et de l'*Alkalischer-Saüerling*.

§ Ier.

Kurbrunnen (*kur*, guérison ; *brunnen*, fontaine)

Le Kurbrunnen est la première source que l'on rencontre dans le parc de Nauheim. Elle est située au nord-ouest, à la hauteur d'une rue nommée Haupstrasse (haute rue).

Elle jaillit dans un bassin dont le diamètre est d'un mètre environ et la profondeur de dix centimètres. Au milieu de ce bassin, une sorte d'aiguière en métal et qui serait mieux en verre de Bohême, cylindro-conique et à quatre becs, forme l'extrémité du tube conducteur de l'eau. A l'intérieur de ce vase, on a juxtaposé divers morceaux de bois, non travaillés, dont la présence modère le jet de la source. Au-dessus, un disque convexe et percé d'un assez grand nombre de trous livre passage à l'eau qui sourd et se répand en bouillonnant.

Le Kurbrunnen est employé à l'usage interne. Les buveurs se réunissent autour d'une grille dans laquelle est enfermé le bassin et dont la partie supérieure est ornée de supports destinés à recevoir les verres. Un jeune homme se tient à l'intérieur de la grille et distribue l'eau aux personnes qui se présentent.

Le Kurbrunnen a été découvert, en 1849, à une profondeur de 561 pieds.

Son eau a un goût aigrelet, elle rougit le papier bleu de tournesol et n'altère pas le papier rougi par un acide. Son poids spécifique est de 1,0138.

Le thermomètre, plongé au milieu de la source, et laissé pendant cinq minutes dans le jet le plus élevé, marque 17° 1/2 R. = 21° c.

L'eau du Kurbrunnen, analysée par M. Bromeis, et dans ces derniers temps par M. Chatin sur ma prière, a donné les résultats suivants :

	Bromeis.	Chatin.
Chlorure de sodium. . .	14.3130	14.2000
— chaux? . . .	5270	»
— calcium. . .	1.0697	1.3000
— magnésium .	2807	3900
Bromure de magnésium .	0385	0050
Iode (libre?).	»	traces.
Carbonate de soude. . .	»	»
— chaux. . .	1.5050	1.4000
— fer. . . .	0200	0260
— manganèse.	0036	0050
Sulfate de chaux. . . .	1964	1000
Silice et traces d'alumine.	0150	0180
Arséniate de fer ?	traces.	0002
Nitrates alcalins.	»	traces.
Sels de potasse.	»	traces.
— d'ammoniaque .	»	traces.
Matières organiques. . .	traces.	fortes traces.
Total des matières fixes.	17.8749	17.4382

§ 2.

Salzbrunnen (*salz*, salée; *brunnen*, fontaine).

Le Salzbrunnen est situé à cent mètres environ du Kurbrunnen vers l'est, au milieu de bancs de gazon émaillé de rosiers et de fleurs.

L'aménagement de sa source est à peu près sem-

3

blable à celui que j'ai décrit dans le paragraphe précédent.

Le Salzbrunnen a été découvert, en 1851, à une profondeur de 90 pieds.

L'eau que l'on emploie en boisson, comme celle du Kurbrunnen, a un goût plus fortement salé. Son poids spécifique est de 1.0165. Elle rougit aussi le papier bleu de tournesol; mais ce papier redevient bleu immédiatement sous l'influence de l'air atmosphérique.

Le thermomètre plongé au milieu de la source et laissé pendant cinq minutes marque 18° 1/2 R. = 24° c.

L'analyse chimique de l'eau du Salzbrunnen, faite par MM. Bromeis et Chatin, donne :

	Bromeis.	Chatin.
Chlorure de sodium. . .	18.4665	20.9000
— chaux?. . .	7135	»
— calcium. . .	1.3951	2.1000
— magnésium.	2738	4000
Bromure de magnésium.	0520	0070
Iode (libre?).	»	bonnes traces.
Bicarbonate de soude . .	»	»
— chaux . .	1.5500	1.5000
— fer. . . .	0260	0200
— manganèse	0080	0100
A reporter. .	22.4849	24.9370

	Bromeis.	Chatin.
Report. . . .	22.4849	24.9370
Sulfate de chaux. . . .	1010	1200
Silice et traces d'alumine.	0200	0200
Arséniate de fer.	traces.	0002
Nitrates alcalins.	»	traces.
Sels de potasse.	»	traces.
—. d'ammoniaque. .	»	traces.
Matières organiques. . .	traces.	fortes traces.
Total des matières fixes.	22.6059	25.0772

§ 3.

Grosser-Sprudel (*grosser,* grand; *sprudel,* bouillonnement).

On se rend au Grosser-Sprudel par l'allée du parc qui conduit au chemin de fer.

La source, dont l'abondance est telle qu'elle fournit aux bains et qu'annuellement on en retire de 70 à 80,000 quintaux métriques de sel de cuisine, est située entre les deux bâtiments qui servent aux baigneurs.

On accède, à gauche, au plateau provisoire, où se trouve le jet du Grosser-Sprudel, par un escalier de quinze marches bordé de chaque côté d'un mur de rocailles provenant de la pétrification des fascines. Ces fascines sont détachées chaque année des étages de gradation des salines. Elles sont enduites de matières terreuses et ocreuses arrivées à la dureté du rocher, et ressemblent beaucoup à des blocs de pierre meulière, d'égale grosseur, dont les parallélipipèdes seraient réguliers, comme s'ils étaient taillés à l'emporte-pièce. On les travaille au ciseau.

A droite, on monte à la source par une pente douce bordée aussi de rocailles de même origine.

La source jaillissante du Grosser-Sprudel forme une pyramide blanche comme de la neige, de 10 pieds d'élévation et retombe en pluie dans un bassin entouré d'une balustrade en fer, et dont l'aire a 4 mètres de diamètre.

Le Grosser-Sprudel a 218 pieds de profondeur. Il est à 45 pieds au-dessous du niveau de la mer.

Les circonstances auxquelles il a dû sa formation sont assez singulières et assez intéressantes pour que je les rapporte ici.

Dans la nuit du 21 au 22 décembre 1846 s'éleva un violent ouragan; le baromètre descendit extrêmement bas; et un torrent impétueux d'eau salée, saturée d'acide carbonique, rompant tout à coup la base d'un forage depuis longtemps abandonné, forma au-dessus du sol une pyramide liquide, blanche et perlée de plus de 6 pieds de hauteur, et inonda d'eau chaude tous les environs. On s'empressa d'utiliser ces eaux pour les bains et pour les salines, en établissant à la hâte un tube en tôle descendant à 130 pieds de profondeur.

Dès l'année 1847, un phénomène particulier attira l'attention de l'inspecteur des salines. On remarqua, en effet, que le jaillissement perdait un peu de sa puissance et que les eaux étaient moins chaudes et contenaient une moins grande quantité de sel. Quelles en étaient les causes?

M. Ludwig les rechercha avec la plus grande attention; et, grâce à des expériences habilement conduites, sa sagacité ne tarda pas à les pénétrer.

Il pensa que les eaux thermales avaient dû exercer une action dissolvante sur les tuyaux en tôle; que, par suite, des passages s'étaient ouverts aux eaux douces et froides, provenant des terrains supérieurs humides qui entouraient la tubulure.

A l'aide d'un appareil spécial, il obtint de l'eau puisée à une grande profondeur, et il constata qu'elle contenait du sel dans la proportion de 3.26 °/₀, tandis que l'eau prise à la sortie de la source n'en contenait au contraire que 2.36 °/₀.

Cette expérience prouvait qu'une certaine quantité d'eau douce et froide se trouvait mélangée avec l'eau provenant de la source pendant le parcours de la nappe au point d'émergence.

Dès lors, on s'appliqua à prévenir l'aggravation du mal, ou, dans tous les cas, à le réparer. Aussi, en même temps qu'on établissait un tube en cuivre à la partie supérieure de la forure, commençait-on, vers l'est, à une distance de 20 mètres, un nouveau forage, marqué n° 12 sur le plan, et le conduisait-on jusqu'à 616 pieds de profondeur.

Jusqu'au 2 mars 1855, le Grosser-Sprudel fournit, dans ces conditions, une quantité d'eau suffisante pour alimenter les bains et les salines; mais à cette époque le jet s'abaissa tout à coup, ne donnant plus qu'une eau contenant à peine 1 °/₀ de chlorure de sodium, et finit bientôt par cesser de jaillir tout à fait.

L'hiver avait été extrêmement rigoureux. On avait ressenti de nombreux tremblements de terre à Marseille, à Catane et dans l'Asie Mineure. Des neiges abondantes avaient couvert le sol, et c'était après de violents orages que cette source précieuse disparaissait. Singulière destinée, le Grosser-Sprudel s'était montré aux yeux étonnés des habitants de Nauheim dans une secousse de la nature, et une secousse pareille semblait l'avoir emporté.

M. Ludwig ne considéra toutefois ce tarissement de la source que comme un fait purement accidentel, et il pensa que ce fait avait surtout pour cause la fonte des neiges et l'état défectueux des tuyaux, qui laissaient pénétrer dans la tubulure et dans le bassin intérieur des eaux étrangères dont la présence devait modifier la composition des eaux thermales, diminuer leur chaleur et amoindrir la force d'expansion de la vapeur et du gaz.

Mais comment faire partager ses convictions? Vainement il s'efforçait de faire comprendre, à ceux qui désespéraient de voir jamais rétabli le Grosser-Sprudel, que l'abondance plus grande des eaux des petites sources voisines venait de ce que les eaux minérales refoulées dans le Grosser-Sprudel cherchaient une autre issue. Vainement même il fit introduire, à une profondeur de 130 à 140 pieds, un tube étroit et obtint un jet, parfois vigoureux, d'eau thermale, en faisant jouer une pompe à son extrémité; il ne rencontrait guère que des incrédules.

Fort d'une conviction inébranlable, il persévéra néanmoins. Des tuyaux de cuivre, d'un diamètre moins considérable que ceux de tôle placés à l'origine, furent descendus dans ceux-ci jusqu'au niveau de l'eau; et, le 16 avril 1855, le Grosser-Sprudel réapparut tel que nous le décrivons.

Cette source est la plus abondante après le Frédéric-Guillaume. Elle est parfaitement limpide et ne se trouble qu'après plusieurs heures de stagnation. Sous l'influence de l'atmosphère, elle laisse déposer de l'oxyde de fer.

Elle fournit de 86 à 90,000 pieds cubes d'eau salée par jour. Ce volume change toutefois sous l'influence d'une température sèche ou pluvieuse. L'acide carbonique qui s'en échappe journellement est, au minimum, de 100,000 pieds cubes.

Sa température est de 28° R., 35° c. Son eau, tellement salée, qu'il serait impossible d'en boire, est alcaline, surtout lorsqu'elle est tombée dans le bassin : elle laisse pourtant bleu le papier de tournesol exposé dans le jet, et ramène légèrement au bleu le papier rougi par un acide.

L'analyse chimique a démontré que l'eau du Grosser-Sprudel a la composition suivante :

	Bromeis.	Chatin.
Chlorure de sodium. . .	26.6000	23.5000
— chaux ?. . .	5240	»
— calcium . .	1.9350	2.3000
— magnésium.	3390	5500
Bromure de magnésium.	0100	0080
Iode (libre ?).	»	bonnes traces.
Bicarbonate de soude. .	»	»
— chaux. .	2.1330	1.9000
— fer. . .	0660	0550
— manganèse.	0200	0150
Sulfate de chaux. . . .	0520	1100
Silice et traces d'alumine.	0210	0250
Arséniate de fer ?	traces.	0004
Nitrates alcalins.	»	traces.
Sels de potasse.	»	traces.
— d'ammoniaque. .	»	traces.
Matières organiques. . .	traces.	fortes traces.
Total des matières fixes.	28.7000	28.4634

§ 4.

Friedrich-Wilhelm (Frédéric-Guillaume).

Situé à environ vingt mètres du Grosser-Sprudel, le Friedrich-Wilhelm est, dans le parc de l'établissement, la source la plus rapprochée de la gare.

Il a un forage de 616 pieds de profondeur, jaillit par un tube en fer de douze centimètres de diamètre environ et s'élève avec bruit, sous la forme d'une pyramide conique dont la base est au sol, à plus de 60 pieds de hauteur.

Son eau est plus salée encore que celle du Grosser-Sprudel. Elle a 31° R., 39° c. et ramène au bleu le papier de tournesol rougi.

Tout est encore provisoire dans l'aménagement de cette source. On doit enfermer cette magnifique gerbe d'eau dans une sorte de palais de cristal qui se verra de tous les coins du parc et dont les bas côtés seront garnis de plantes tropicales. La chaleur naturelle de la source suffira pour entretenir la végétation.

Le jet du Frédéric-Guillaume donne par minute 50,000 pieds cubes d'eau salée et 100,000 pieds cubes de gaz (Drescher).

Ses eaux sont conservées dans un vaste réservoir,

construit à douze mètres de la source et où elles descendent à la température du bain.

Le Frédéric-Guillaume est encore entouré, dans toute sa hauteur, de la charpente qu'il a fallu établir pour pratiquer le forage.

Trois longues échelles, appuyées sur des planchers superposés, conduisent jusqu'à la partie supérieure du jet de la source. Le premier étage est à une hauteur d'environ 30 pieds. Un rail-way y est établi qui sert à fixer solidement un lourd chapeau de tôle destiné à arrêter le jet dans son ascension et à éviter la perte d'une portion de l'eau. Lorsque ce chapeau, mobile sur ses tiges de fer horizontales, est écarté, il est permis au Frédéric-Guillaume de jaillir sans entraves.

Il faut alors monter au troisième étage pour dominer et contempler la gerbe qui s'élève dans toute sa liberté. C'est un spectacle ravissant, dont un touriste pourrait faire une description brillante, et qui sera conservé, je l'espère, dans les travaux définitifs. Je me borne à le signaler à l'attention des visiteurs.

L'eau du Frédéric-Guillaume a été analysée par M. Avénarius. Elle l'a été aussi par M. le professeur Chatin. Voici le résultat de ces deux analyses :

	Avénarius.	Chatin.
Chlorure de sodium. . .	34.5683	35.1000
— de chaux?. . .	0.1996	»
— de calcium . .	2.8600	2.7500
— de magnésium.	0.5123	»
Bromure de magnésium.	0.0095	0.0098
Iode (libre?)	traces.	traces.
Bicarbonate de soude .	»	»
— de chaux .	2.3770	2.3600
— de fer . . .	0.0511	0.0450
— de manganèse.	traces.	0.0100
Sulfate de chaux	0.0577	0.0650
Silice et traces d'alumine.	0.0252	0.0260
Nitrates alcalins	fortes traces.	fortes traces.
Arséniate de fer? . . .	»	fortes traces.
Sels de potasse	»	traces.
— d'ammoniaque. . .	»	traces.
Matières organiques . .	traces.	fortes traces.
Total des matières fixes.	40.6607	40.3658

§ 5

Kleiner-Sprudel

(*kleiner,* petit; *sprudel,* bouillonnement).

Le Kleiner-Sprudel est situé sur la rive droite de l'Usa, au delà de l'établissement principal des bains. Cette source fournit l'eau aux baignoires des pauvres. On l'emploie surtout pour les bains et pour les douches de gaz. Elle jaillit dans une sorte de cour entourée de rocailles, qui se trouve à deux mètres de profondeur en contre-bas du sol et dont la largeur a 20 mètres de superficie environ.

Débarrassée de toute entrave, elle ne s'élève guère qu'à deux pieds de hauteur ; mais elle est habituellement recouverte d'une cloche en fer-blanc percée à sa partie supérieure et médiane et dont le diamètre est d'un mètre vingt centimètres. Un orifice de dix centimètres, auquel vient s'adapter un tuyau en caoutchouc, livre passage au gaz qui va se distribuer à l'intérieur d'un bâtiment spécial construit au-dessus de la source.

Le Kleiner-Sprudel est resté depuis 1823 à peu près dans son état primitif. Sa température est de 22°1/2 R., 27°5 c. Son poids spécifique est de 1,0186. Il produit, en moyenne, 25,000 pieds cubes d'eau saline par jour et 21,000 pieds cubes de gaz. Son abondance dépend, au surplus, de la pesanteur de l'atmosphère.

Son goût, beaucoup plus fortement salé que celui du Salzbrunnen, l'est un peu moins que celui du Grosser-Sprudel.

L'eau de cette source est fortement acide et rougit promptement le papier bleu de tournesol.

L'analyse chimique démontre qu'elle est composée de :

	Bromeis.	Chatin.
Chlorure de sodium. . .	19.8500	22.4000
— de chaux?. . .	2700	»
— de calcium. . .	1.7341	1.8500
— de magnésium.	3486	5300
Bromure de magnésium.	0110	0070
Iode (libre ?)	»	bonn. traces.
Bicarbonate de soude .	»	»
— de chaux .	1.8410	1.7500
— de fer. . . .	0378	0450
— de manganèse.	0092	0120
Sulfate de chaux.	1092	0120
Silice et traces d'alumine.	0135	0200
Arséniate de fer?	traces	0003
Nitrates alcalins.	»	traces.
Sels de potasse	»	traces.
— d'ammoniaque . . .	»	traces.
Matières organiques . . .	traces.	fortes traces.
Total des matières fixes.	24.2244	26.7343

§ 6.

Schwalheim (*schwalheim*, torrent).

La source de Schwalheim est très-ancienne. Elle était connue des Romains; car on a trouvé à différentes époques, au fond du puits qui la renferme, des monnaies fort bien conservées à l'effigie des empereurs Vespasien, Titus, Domitien, Adrien, etc. Ces monnaies sont presque toutes au cabinet des médailles de Cassel.

Prés de cette source, on voit encore, au nord de Friedberg, les traces d'une voie romaine.

Schwalheim est situé dans la vallée de la Wetterau, entre les villages de Schwalheim et de Dörheim, à quatre kilomètres de l'établissement thermal. La route que l'on suit pour s'y rendre forme beaucoup de sinuosités. A vol d'oiseau, elle n'est guère qu'à deux kilomètres de Nauheim.

Ce n'est pas au moyen de forages artésiens que cette source a été découverte. Elle n'a l'apparence que d'un puits ordinaire.

Une simple claire-voie l'entoure. Deux escaliers de cinq marches, situés l'un au nord, l'autre au midi, conduisent aux bords de la nappe d'eau, dont la surface est agitée par l'ascension continuelle de petites bulles de gaz qui viennent s'y épanouir et produire l'image d'une pluie fine et abondante. A des intervalles assez rapprochés, de grosses bulles montent et révèlent la quantité considérable de gaz que cette source contient.

J'ai dit déjà que l'eau de Schwalheim est plus agréable à boire que celle de Selters, et la richesse de sa source est si grande que, malgré un envoi de 150,000 cruchons à l'étranger et la consommation faite par les habitants et les baigneurs, on est loin de l'utiliser tout entière.

Le puits de Schwalheim a environ deux mètres de diamètre. Ses parois, en cœur de chêne, descendent à six mètres de profondeur. Une claie traverse ses eaux à deux mètres environ de la surface, et retiendrait au besoin les cruchons qui se détacheraient de l'anse en fer à l'aide de laquelle on les immerge en assez grand nombre à la fois.

L'eau de cette source est d'une extrême limpidité. Elle ne se trouble que lorsqu'elle est laissée pendant longtemps dans un vase et en contact avec l'air.

Renfermée dans des cruchons hermétiquement bouchés, elle se conserve sans se décomposer pendant des années entières, et a pu être rapportée d'un voyage aux Indes ou au cap de Bonne-Espérance aussi gazeuse et aussi agréable qu'au sortir de la source. On peut s'étonner qu'elle ne soit pas encore connue et appréciée à Paris.

Sa chaleur est de 8° $^1/_2$ R. = 10° c. Elle rougit d'une façon presque instantanée le papier bleu de tournesol. Son poids spécifique est de 1.0022.

De toutes les eaux minérales d'Allemagne la source de Schwalheim est celle qui contient le plus d'acide carbonique. Toutefois ce gaz n'y existe pas à son état de pureté parfaite, car il n'éteint pas les corps en combustion plongés dans son milieu.

En effet, me servant d'un verre rempli d'eau comme d'une éprouvette, j'ai recueilli les bulles de gaz sous sa circonférence, et j'ai pu y introduire successivement, sans qu'ils s'éteignissent, une allumette et un papier enflammés.

Un médecin allemand a beaucoup vanté, en 1589, la vertu des eaux de Schwalheim. Je parlerai plus tard de leurs propriétés thérapeutiques telles que nous les connaissons aujourd'hui.

Deux puits, que l'on nomme l'un la source *des Perles* et l'autre la source *des Tonneaux*, se trouvent à côté de celui de Schwalheim; mais on a négligé jusqu'à ce jour de faire les travaux nécessaires pour rendre leur eau potable, et la limpidité en est presque constamment troublée par les terres qui se détachent de leurs bords.

Le savant professeur Liebig a fait l'analyse des eaux de Schwalheim. Dans 430 grammes d'eau, poids de la livre allemande, on trouve les proportions suivantes :

	Liebig.
Chlorure de sodium.	11.9465
Sulfate de soude.	0.6215
Chlorure de magnésium. . . .	1.0826
Carbonate de magnésie	0.4185
— chaux.	4.3130
— fer.	0.0878
Silice.	0.1489
Traces de bromure.	traces.
Total des substances fermes.	18.6188
Substances gazeuses.	22.7258

ou 49.44 pouces cubes d'acide carbonique.

§ 7.

Alkalischer-Saüerling (*alkalischer*, alcaline; *saüerling*, aigrelette).

L'Alkalischer-Saüerling est située aussi au bord de l'Usa. Elle est éloignée de 250 mètres environ du Salzbrunnen et se trouve sur la route, praticable seulement aux lourdes voitures, qui conduit, à travers les salines, de Nauheim à Friedberg.

Son aménagement laisse beaucoup à désirer et

prouve que, jusqu'à ce jour, elle a eu peu de visiteurs, soit que les médecins n'aient pas trouvé à l'appliquer utilement, soit que les difficultés d'accès aient effrayé les malades.

L'eau s'écoule par trois robinets en fer-blanc constamment ouverts et fixés dans le simple tuyau de bois qui forme la tubulure. Elle tombe dans un vase en fer qui a la forme d'une pyramide quadrangulaire.

La saveur de l'Alkalischer-Saüerling, à peine salée et surtout aigrelette, décèle la présence dans l'eau d'acide carbonique en suspension. Cette source ne bouillonne pas comme toutes celles que j'ai précédemment décrites. Elle est aussi la seule qui ait une saveur et une odeur sulfureuses très-prononcées.

Les cercles en fer qui entourent la tubulure, les robinets qui versent l'eau et le vase qui la reçoit sont couverts d'une incrustation jaunâtre et épaisse, principalement aux endroits qui sont en contact direct avec l'eau.

Elle a 15° $^1/_2$ R. = 19° 5 c. Son poids spécifique est de 1.2011. Elle rougit le papier bleu de tournesol, et l'on s'explique alors assez difficilement le nom d'alcaline qui lui a été donné. Il serait bon, je crois, de ne lui conserver à l'avenir que sa dernière appellation, seule en harmonie avec sa composition chimique.

M. le docteur Bromeis, en 1842, M. le professeur Chatin, en 1855, ont analysé l'eau de l'Alkalischer-Saüerling. Voici les résultats de cette double analyse :

	Bromeis.	Chatin.
Chlorure de sodium. . .	0725	7200
— chaux? . .	traces.	»
— calcium . .	0210	0250
— magnésium .	1040	1300
Bromure de magnésium.	peu de traces.	peu de traces.
Iode (libre?).	faibles traces.	»
Bicarbonate de soude . .	4900	»
— chaux. .	3264	3000
— fer . . .	0100	0120
— manganèse.	traces.	traces.
Sulfate de chaux . . . . ,	0135	0120
Silice et traces d'alumine	0090	0110
Arséniate de fer	»	traces.
Nitrates alcalins	»	traces.
Sels de potasse	»	traces.
— d'ammoniaque .	»	traces.
Matières organiques . .	traces.	fortes traces.
Total des matières fixes.	1,0464	1,2100

Hydrogène sulfuré .	peu de traces.
Acide carbonique.	0882
Azote	0050
Total des matières gazeuses.	0932

APPENDICE.

Les eaux de Nauheim avaient été analysées par M. le docteur Bromeis; lorsque je commençai mon étude sur leur vertu thérapeutique, je désirai que le savant qui a fait, en France, de la composition chimique des eaux, un des travaux de toute sa vie, procédât à une analyse nouvelle.

M. le professeur Chatin a bien voulu ne pas me refuser les lumières de son expérience scientifique, et je publie les observations qu'il m'a adressées au mois de mars 1855.

Mon cher confrère,

J'ai analysé, suivant votre désir, les vingt bouteilles des diverses sources de Nauheim que vous m'avez adressées.

Je vous envoie aujourd'hui cette analyse précédée de quelques considérations. Je suis, comme vous, convaincu que la richesse en principes salins de ces thermes les appelle à prendre une grande place dans la thérapeutique des eaux.

Agréez, etc.

A. Chatin.

Examen chimique des eaux minérales et des vapeurs condensées dans le vaporarium *de Nauheim.*

Les eaux de Nauheim ont été l'objet d'analyses complètes faites avec un grand soin par M. le docteur Bromeis, dont l'habileté en ce genre de travaux est appréciée des chimistes.

Mon but premier était seulement d'étendre à ces eaux thermales exploitées depuis peu, et cependant déjà renommées, les recherches générales auxquelles je me livre sur la présence et la proportion de l'iode, considéré tant au point de vue de la statistique des minéraux qu'à celui de la médecine; mais ayant reconnu, à la pesée des résidus salins, que deux des principales sources, le petit Sprudel et le Salzbrunnen, s'étaient enrichies en principes minéralisateurs depuis l'époque où M. Bromeis fit ses analyses, j'ai pensé qu'une nouvelle détermination de chacune des substances contenues dans les sources ne serait pas sans quelque utilité.

Ainsi qu'il sera facile de le voir en jetant un coup d'œil sur le tableau dans lequel les résultats de mes analyses sont placés à côté de ceux obtenus par M. Bromeis, je n'ai fait le plus souvent que confirmer les recherches antérieurement exécutées par ce savant distingué; les différences qu'on remarquera tenant moins aux méthodes employées qu'à quelques changements survenus dans la proportion des matières que renferment les eaux, changements qui se rapportent peut-être en partie à l'époque de l'année à laquelle les analyses ont été faites (1).

L'iode, qui n'avait pas été signalé dans les eaux de Nauheim, y existe, mais en petite proportion. Sa présence peut être constatée, soit en précipitant les sels terreux par un excès de carbonate de potasse (bien privé d'iode), évaporant à siccité, calcinant légèrement et essayant le résidu, *après refroidissement*, par les réactifs propres à déceler l'iode; soit en distillant et recevant le produit dans un récipient contenant quelques centigrammes de potasse pure, évaporant, calcinant, reprenant par l'alcool à 94° c. (2). On peut estimer que la proportion d'iode contenue dans les eaux de Nauheim, quoique faible, n'est pas étrangère à leurs proprié-

(1) Les eaux sur lesquelles ont porté mes observations ont été recueillies au commencement du mois d'octobre 1854; j'ignore en quelle saison M. Bromeis a fait ses recherches.

(2) Il importe de ne faire usage dans ces recherches que de vases de porcelaine blanche, sous peine d'introduire de l'iode dans les produits.

tés médicales ; toutefois j'hésiterais à comprendre dans cette appréciation l'Alkalischer-Saüerling.

Le fer et le manganèse doivent certainement être compris dans les principes utiles des eaux de Nauheim. Mes analyses diffèrent, pour la plupart, de celles de M. Bromeis par un peu moins du premier et par un peu plus du second. Pour les médecins qui accordent à ces deux corps des propriétés semblables, les eaux auront conservé leurs qualités primitives ; pour ceux qui attribuent au manganèse une action propre, elles paraîtront mieux satisfaire que par le passé à certaines conditions thérapeutiques.

Je confirme les données de M. Bromeis sur l'existence de l'arsenic. Mes dosages, que l'on peut regarder comme très-approchants de la vérité, montrent que cet élément, pour être moins abondant ici que dans certaines eaux, y existe cependant dans une proportion qui implique une action médicale.

L'analyse des vapeurs qu'une des plus chaudes et des principales sources dégage, soit à cause de sa température, soit en raison des torrents d'acide carbonique qui la traversent (1), semblait devoir

---

(1) On estime que le Kleiner-Sprudel dégage chaque jour 21,000 pieds cubes d'acide carbonique.

offrir d'autant plus d'intérêt, que ces vapeurs sont dirigées dans une chambre spacieuse, sorte de *vaporarium* où les malades éprouvent un bien sensible à respirer. Des médecins estimeront si l'air de ce lieu, chargé de vapeurs salines, n'offre pas de grands rapports avec celui qui, sur les côtes de la mer, pénètre dans les poumons sous l'influence d'une forte brise.

Sur un litre de ces vapeurs (condensées autour d'une bouteille dans laquelle on renouvelait de l'eau glacée), j'ai notamment constaté la présence d'une assez grande quantité de sel marin et d'une proportion d'iode relativement plus considérable que dans l'eau de la source elle-même. Les *matières organiques* et les *sels d'ammoniaque* s'ajoutent aux éléments précédents et donnent à l'atmosphère du vaporarium des caractères (et sans doute des propriétés) auxquels ne participe pas l'atmosphère maritime chargée même de moins de matières organiques et de composés ammoniacaux que l'atmosphère de la surface de la terre.

Les modes d'après lesquels sont combinés entre eux les éléments minéraux des eaux peuvent être fort divers, suivant la proportion des éléments en présence, la température, etc., et seront longtemps encore un sujet de controverse entre les chimistes. On détermine bien par l'analyse le nombre et la proportion des acides et des bases;

mais on est souvent très-embarrassé quand il s'agit d'indiquer le véritable groupement de ces corps. En cet état de la science, je n'ai pas hésité à conserver les combinaisons ou arrangements admis par M. Bromeis, qui a le premier donné l'analyse des eaux de Nauheim.

En faisant autrement, il est contestable que j'eusse fait mieux, et nos résultats n'eussent plus été facilement comparables. A cette occasion, je dirai que je ne puis cependant admettre la présence du carbonate de soude dans l'Alkalischer-Saüerling, le premier effet de ce sel, quand on l'y ajoute, étant de disparaître en précipitant une portion des bases terreuses.

Les eaux de cette source ne sont donc rendues alcalines aujourd'hui que par le carbonate des *terres alcalines*, et non par le carbonate de soude (1).

Il est à peine nécessaire de faire la remarque que, mes propres recherches ayant été faites à Paris, sur des eaux envoyées des sources, je n'ai pas eu à faire sur les gaz des dosages qui n'auraient eu aucune valeur. Je dirai toutefois, au sujet du gaz hydrogène sulfuré dont M. Bromeis signale des traces dans l'Alkalischer-Saüerling, qu'il m'a

---

(1) La réaction propre aux chlorure et bromure alcalins peut aussi donner aux eaux une alcalinité *apparente*.

été donné de reconnaître que les eaux de toutes les sources de Nauheim deviennent sulfureuses (par la réduction des sulfates) quand on les garde en vase clos.

(A la page ci-contre se trouvent réunis dans un tableau les résultats de mes analyses dont j'ai rapproché ceux de M. Bromeis.)

SOURCES DE NAUHEIM ET VAPORARIUM.

SUBSTANCES FIXES CONTENUES DANS 1,000 GRAMMES D'EAU.

	FRÉDÉRIC-GUILLAUME	GROS-SPRUDEL		PETIT-SPRUDEL		SALZBRUNNEN		KURBRUNNEN		ALKALISCHER		VAPORARIUM
	Chatin.	Bromeis.	Chatin.	Bromeis.	Chatin.	Bromeis.	Chatin.	Bromeis.	Chatin.	Bromeis.	Chatin.	Chatin.
Clorure de sodium.....	35.1000	23.6000	23.5000	19.8500	22.4000	18.4665	20.9000	14.3130	14.2000	0725	7200	2000
— chaux?.....	—	5240	—	2700	—	7135	—	5270	—	traces	—	—
— calcium	2.7500	1.9350	2.3000	1.7341	1.8500	1.3951	2.1000	1.0697	1.3000	0210	0250	traces
— magnésium	—	3390	5500	3486	5300	2738	4000	2807	3900	1040	1300	traces
Bromure de magnésium	0.0098	0100	0080	0110	0070	0520	0070	0385	0050	peu de traces	peu de traces	—
Iode (libre?)..........	traces	—	bonnes traces	—	bonnes traces	—	bonnes traces	—	traces	faibles traces	—	faibles traces
Bicarbonate de soude..	—	—	—	—	—	—	—	—	—	4900	—	—
— chaux	2.3600	2.1330	1.9000	1.8410	1.7500	1.5500	1.5500	1.5050	1.4000	3264	3000	traces
— fer.	0.0450	0660	0550	0378	0450	0260	0200	0260	0200	0100	0120	traces
— manganèse	0.0100	0200	0150	0092	0120	0080	0100	0036	0050	traces	traces	—
Sulfate de chaux.......	0.0650	0520	1100	1092	1200	1010	1200	1964	1000	0135	0120	traces
Silice et traces d'alum.	0.0260	0210	0250	0135	0200	0200	0200	0150	0180	0090	0110	traces
Arséniate de fer?.......	fortes traces	traces	0004	traces	0003	traces	0002	traces	0002	—	traces	—
Nitrates alcalins........	fortes traces	—	traces	—	traces	—	traces	—	traces	—	traces	traces
Sels de potasse.........	traces	—	traces	—	traces	—	traces	—	traces	—	traces	—
— d'ammoniaque.....	traces	—	traces	—	traces	—	traces	—	traces	—	traces	0030
Matières organiques....	fortes traces	traces	fortes traces	traces	fortes traces	traces	fortes traces	traces	fortes traces	traces	fortes traces	0600
Total des matières fixes.	40.3658	28.7000	28.4634	24.2244	26.7343	22.6059	25.0772	17.8749	17.4382	1.0464	1.2010	2630

Paris, le 15 mars 1855.

A. CHATIN.

DEUXIÈME PARTIE.

CHAPITRE PREMIER.

ACTION PHYSIOLOGIQUE DES EAUX ET DES GAZ DES SOURCES DE NAUHEIM.

J'ai eu l'occasion d'indiquer l'emploi de chacune des sources de Nauheim; je rappelle ici 1° que le Kurbrunnen et le Salzbrunnen, ainsi que Schwalheim et l'Alkalischer-Saüerling se prennent exclusivement en boisson; 2° que le Grosser-Sprudel et le Frédéric-Guillaume servent aux douches et aux bains d'eau, 3° et qu'enfin le Kleiner-Sprudel fournit le gaz utilisé dans un établissement spécial pour les bains, les douches et l'usage intérieur.

Je vais étudier, sous trois paragraphes distincts, l'action physiologique des bains et des douches du Grosser-Sprudel et du Frédéric-Guillaume, celle du Kleiner-Sprudel en bains, en douches ou à l'intérieur, et enfin celle du Kurbrunnen et du Salzbrunnen, de Schwalheim et de l'Alkalischer-Saüerling.

5.

§ 1er.

Action physiologique des eaux du Grosser-Sprudel et du Frédéric-Guillaume.

Deux bâtiments, dont l'un contient 32 baignoires et l'autre 44, sont affectés aux bains du Grosser-Sprudel et du Frédéric-Guillaume. Le premier de ces établissements a été construit en 1849, le second n'existe que depuis 1852.

Chaque cabinet est spacieux et offre aux baigneurs, plus encore que dans tous les autres établissements thermaux d'Allemagne, les avantages et les jouissances d'une extrême propreté et d'un confortable, je dirais volontiers, luxueux. Les baignoires, creusées dans le sol, sont en marbre blanc. On y descend par trois marches, en marbre aussi, établies au pied de chacune d'elles. Quatre robinets servent à la distribution, les deux premiers des sources du Grosser-Sprudel et du Frédéric-Guillaume, et les deux autres, d'eaux froides minérale ou ordinaire.

Une large ouverture, pratiquée au fond de la baignoire et à l'extrémité qui se trouve du côté des pieds du baigneur, peut livrer passage aux eaux du Grosser-Sprudel et sert pour lės bains dits d'*eau courante*.

Enfin, un appareil pour les douches en pluie

est fixé au-dessus de la baignoire, et un ressort, mis à la portée du malade, lui permet de se doucher lui-même, pendant qu'il est au bain, soit à l'eau minérale, soit à l'eau froide ordinaire.

Indépendamment des cabinets pour les bains, il en existe d'autres qui sont spécialement affectés aux douches et dans lesquels ont été établis des tuyaux et des ajutages propres à satisfaire à toutes les prescriptions médicales comme à tous les besoins hygiéniques.

I. *Grosser-Sprudel.* Pour bien me rendre compte de l'action physiologique des bains du Grosser-Sprudel, j'ai interrogé un assez grand nombre de malades et mis à profit l'expérience de M. le docteur Bodé. J'ai, en outre, constaté cette action sur un de mes amis et sur moi-même.

L'effet que j'ai éprouvé dans mes bains offrant une concordance, à peu près parfaite, avec les renseignements qui m'avaient été donnés, je me bornerai à rapporter ici mes expériences des 2 et 3 juillet 1855.

2 juillet 1855. *Bain ordinaire du Grosser-Sprudel.* — De sept à huit heures du matin, je bois trois verres de la source du Kurbrunnen, et leur effet purgatif ne tarde pas à se faire sentir.

Vers dix heures, je prends un déjeuner très-léger.

A deux heures, je vais me mettre au bain. Depuis neuf heures et demie du matin l'eau du Kurbrunnen a suspendu son action. J'ai 72 pulsations radiales par minute.

J'essaye ma salive. Elle est à peine *acide;* mon urine l'est très-fortement, au contraire.

L'eau du bain est alcaline. Elle ramène au bleu le papier de tournesol rougi.

A l'extérieur, le thermomètre marque 16° R. = 20° c. Il y a 18° R. = 24° c. dans mon cabinet.

Je descends dans mon bain à deux heures quarante minutes et je fais écrire mes sensations.

Je n'éprouve en y entrant d'autre impression que celle qui est habituellement causée par un bain dont l'eau est un peu trop chaude.

A 2 h. 46 m. la sueur commence au visage, et je ressens d'assez fortes démangeaisons à la partie interne des avant-bras.

3 h. 10 m. La sueur du visage a presque complétement disparu; je n'ai plus de démangeaisons; j'éprouve un bien-être général. La peau a, presque sur toutes les parties du corps, une teinte rouge assez marquée.

3 h. 20 m. J'essaye de nouveau ma salive et mes urines. La première est devenue *alcaline*, les secondes sont restées très-acides. Mon pouls est tombé de 72 à 56 pulsations.

Je me retire à 3 h. 1/2, et je n'ai éprouvé, comme on le voit, pendant la durée du bain, que de la chaleur, des démangeaisons sur les parties du corps où la peau est le plus fine, une rougeur du tégument externe et un bien-être général. Ma salive est devenue alcaline, et mon pouls s'est abaissé de 16 pulsations par minute.

Bain d'eau courante (Strombad). 3 juillet. — J'ai pris, de six heures et demie à sept heures du matin, trois verres de la source du Salzbrunnen, et j'en ai éprouvé des effets plus énergiques que ceux du Kurbrunnen. A onze heures, j'ai déjeuné légèrement, et je vais me mettre au bain à quatre heures du soir.

Ma salive est alcaline, mes urines sont très-acides. J'ai 96 pulsations par minute. Le thermomètre marque à l'extérieur 17° $^1/_2$ R. = 23° 5 c. et dans mon cabinet 19° $^1/_2$ R. = 25° c.

Je m'assieds, les pieds tournés vers l'ouverture pratiquée dans la paroi latérale et au fond de ma baignoire, de façon à recevoir le jet d'eau sur le périnée et le long de la partie interne et supérieure des cuisses.

Je fais ouvrir ma fenêtre.

4 h. 8 m. — J'éprouve dans tout le corps, mais surtout le long des cuisses et aux parties génitales, une sensation de chaleur agréable. L'effet anaphrodisiaque ne tarde pas à se produire.

4 h. 10 m. — Je diminue la force du jet d'eau, et l'érection disparaît en partie.

4 h. 15 m. — Ma baignoire étant remplie, je ferme l'ouverture du fond et j'ouvre celle qui donne issue à l'eau du bain. L'érection cesse bientôt entièrement.

4 h. 17 m. — J'ouvre à la fois les deux robinets d'entrée et de sortie de manière à conserver la même hauteur d'eau dans ma baignoire.

4 h. 19 m. — L'effet anaphrodisiaque se produit de nouveau.

4 h. 22 m. — J'éprouve à la partie interne des membres, sur la poitrine et sur le dos, des fourmillements et des démangeaisons assez forts. La circulation capillaire est sensiblement augmentée. Sur toutes les parties du corps, la peau a pris une teinte rouge uniforme.

4 h. 35 m. — Mon pouls est descendu de 96 à 64. Il est *bis-feriens*, et l'on pourrait presque compter les pulsations dédoublées.

4 h. 40 m. — Je sors de mon bain. Il n'y a aucun changement dans les urines et dans la salive.

Douches. — Après ce que je viens de dire des bains, l'action physiologique des douches locales ou générales données avec l'eau du Grosser-Sprudel ne présente rien de particulier dans ses effets. Elles provoquent de la chaleur, de la rougeur à la peau, des démangeaisons; et c'est sous le rapport de leur efficacité thérapeutique qu'elles attireront surtout mon attention.

II. *Action physiologique du Frédéric-Guillaume.* — L'action physiologique du Frédéric-Guillaume, plus énergique que celle du Grosser-Sprudel, est à peu près de même nature.

J'ai dit que cette source a 31° R. = 39° c. Elle serait par conséquent à peine supportable si l'on n'en diminuait pas la chaleur avant de la faire arriver aux baignoires.

Toutefois, pour me rendre compte de son action, j'ai pris un bain de vingt minutes à sa température la plus élevée.

En entrant dans mon bain, j'éprouvai au contact de l'eau une sensation désagréable ; je m'y habituai bientôt, et je ne ressentis plus que l'impression qui serait causée par un bain ordinaire trop chaud. Les vaisseaux capillaires du derme s'injectèrent fortement.

Au bout de dix minutes, une sueur abondante me couvrit le visage, et, peu de temps après, ma respiration devint si fréquente et si gênée, qu'il me fut impossible de rester dans l'eau plus de vingt minutes.

Mon pouls tomba de 18 pulsations. Mes urines et ma salive ne changèrent pas.

III. Je ne parle pas spécialement des bains d'eau du Kleiner-Sprudel. Cette source n'alimentait que les deux baignoires des pauvres qui reçoivent maintenant l'eau du Frédéric-Guillaume. Il paraît d'ailleurs que ses effets étaient les mêmes que ceux du Grosser-Sprudel, bien que, d'après l'analyse chimique, ses eaux soient moins chargées de principes salins.

Observations générales sur l'action physiologique des bains d'eau et des douches.

Les bains et les douches d'eau des sources de Nauheim ont, je l'ai fait remarquer, pour effet principal de surexciter plus ou moins fortement la circulation cutanée. Il arrive souvent que des éruptions, qui n'ont pas d'autre cause, se produisent. Ainsi, après la troisième ou la quatrième semaine, apparaissent plus particulièrement aux plis articulaires, sur l'épigastre et sur le bas-ventre, des papules d'abord, puis des vésicules à base rouge et indurée, qui sont réunies en groupes. C'est de l'*herpes circinnatus*. Il est indolore et ne doit point arrêter le traitement.

Il n'en est pas de même des furoncles qui parfois s'observent pendant la cure. Aussitôt qu'ils semblent s'annoncer, il faut suspendre les bains, afin d'en prévenir le développement. C'est dans le dos, aux fesses, à la partie supérieure des cuisses qu'ils se montrent de préférence.

Ces éruptions, que dans les établissements thermaux on désigne sous le nom de *poussée*, prennent quelquefois une troisième forme, celle de l'ecthyma qui se développe aux parties du corps couvertes de poils et y occasionne des démangeaisons insupportables.

Au début d'une éruption de cette nature, le médecin doit faire suspendre les bains et ne laisser recommencer le traitement que quatre ou cinq jours après qu'elle a complétement disparu.

Ces diverses sortes d'éruptions se montrent parfois après les bains simples d'eau thermale. Elles arrivent plus souvent après les bains d'eau courante ; mais on les remarque surtout lorsqu'on emploie les bains additionnés d'eau mère, c'est-à-dire d'eau privée de son sel cristallisable.

Je recommande d'éviter, autant que possible et avec le plus grand soin, ces éruptions ; car toute manifestation exagérée vers la peau ne peut que retarder la guérison, au lieu d'être utile. Lorsque les bains amènent le furoncle ou l'ecthyma, ils sortent des limites physiologiques ; en sorte que non-seulement le malade voit sa guérison entravée, mais encore souffre souvent d'une complication qu'un peu de prévoyance aurait facilement évitée.

§ 2.

Action physiologique des bains et des douches de gaz du Kleiner-Sprudel.

Le gaz acide carbonique paraît avoir été utilisé en bains dès 1740 par le docteur Seip, qui faisait entrer le malade, pendant un assez court espace de temps, dans la grotte gazeuse de Pyrmont; mais ce moyen curatif fut abandonné par les médecins, et les paysans seuls en conservèrent l'usage.

Ce n'est qu'en 1816 que Hufeland attira de nouveau l'attention sur les bains de gaz de Pyrmont, qu'il employa avec succès pour le traitement de certaines maladies.

En 1826, M. Boussingault, dans un voyage qu'il entreprit aux Cordillières des Andes, et dont il publia la relation, remarqua que les habitants des montagnes faisaient usage en bains, et surtout en douches, du gaz acide carbonique qui s'échappe des fissures du sol dans certaines gorges de ce pays; et les expériences physiologiques auxquelles il se livra sur lui-même lui apprirent ce phénomène curieux que l'immersion du corps dans le gaz acide carbonique amène une sensation de chaleur, alors même que la température de ce gaz est inférieure à celle de l'air ambiant.

M. le docteur Heidler fit organiser, en 1830, des bains de gaz à Marienbad; et bientôt après, en 1835, son exemple fut suivi à Memberg par M. le docteur Piderit.

L'établissement des bains de gaz à Nauheim ne date que de 1840; et il est dû à l'initiative de M. le docteur Bodé, à qui revient l'honneur d'avoir fait usage le premier de l'acide carbonique à l'intérieur.

Un bâtiment spécial divisé en quatre pièces d'inégale grandeur et dont la dernière, plus vaste et mieux aérée, est affectée exclusivement à l'emploi du gaz à l'intérieur et en douches locales, a été construit sur la source même du Kleiner-Sprudel.

Les cabinets pour les bains ont six mètres d'élévation et cinq mètres environ de longueur sur quatre de largeur. L'appareil est appliqué contre la cloison. Il se compose d'une boîte en bois de cinq pieds et demi carrés dont la planche supérieure, un peu inclinée, est percée à son milieu de manière à recevoir la tête, qui doit rester à l'air libre. Dans l'intérieur existe un tabouret fixe, à fond sanglé. Le gaz est apporté dans la boîte par un tuyau en caoutchouc dont l'ouverture a été ménagée dans la paroi inférieure.

I. *Bain de gaz.* — Pour prendre un bain de gaz, le malade conserve habituellement ses vêtements que pénètre aisément l'acide carbonique.

On me permettra de reproduire ici les notes écrites sous ma dictée pendant le bain que j'ai pris le 4 juillet 1855 :

Je suis à jeun. L'air extérieur est frais. Le thermomètre marque 17° c. seulement. Dans l'intérieur de mon cabinet, la température s'élève à 23° c.

Je conserve mes vêtements pour me mettre

dans l'appareil; j'ai presque froid. Un thermomètre de Réaumur placé sous mon aisselle pendant cinq minutes marque 26°; ma salive est alcaline et mon urine très-claire et très-acide; j'ai 68 pulsations par minute.

Au moment où je laisse pénétrer le gaz dans l'intérieur de la boîte, le thermomètre exposé au courant indique 26° 5 c.

Afin de remplir hermétiquement le vide que laisse autour de mon cou l'ouverture pratiquée dans le couvercle et empêcher le gaz de se répandre, on applique plusieurs serviettes avec le plus grand soin possible.

A 9 heures 46 minutes du matin, après avoir fait ouvrir la fenêtre de mon cabinet, j'entre dans mon bain, et une minute après j'éprouve déjà dans toutes les parties du corps une sensation de douce chaleur.

9 h. 50 m. — La chaleur a sensiblement augmenté et se fait sentir au creux épigastrique, à la partie interne des membres et surtout des cuisses. Elle provoque aux organes génitaux un chatouillement agréable.

9 h. 54 m. — La chaleur augmente toujours et devient difficile à supporter; j'ai seulement les pieds presque froids

9 h. 56 m. — Je ressens le long de la région dorsale supérieure de très-légers picotements.

9 h. 59 m. — On ferme la fenêtre de mon cabinet.

10 h. 1 m. — Mon pouls est resté le même; mais ma figure a fortement rougi, elle se recouvre d'un peu de sueur; l'extrême chaleur que j'éprouve par tout le corps est prononcée surtout à la paume des mains. Mon pied droit semble se réchauffer un peu, le gauche est toujours froid.

Les deux personnes qui sont dans mon cabinet, sur un plan de beaucoup inférieur à celui que j'occupe, éprouvent à un degré différent une oppression assez forte; l'une d'elles a la respiration haletante, l'autre un besoin marqué de dormir; je ne ressens pas les mêmes effets.

10 h. 7 m. — Mes deux compagnons sont obligés d'ouvrir la croisée. Mes sensations personnelles n'ont pas changé; je reçois seulement avec plaisir sur le visage l'air plus frais, dont l'impression fait bientôt disparaître la sueur.

10 h. 9 m. — L'oppression et l'abattement ont cessé chez les personnes qui sont avec moi.

10 h. 16 m. — Mon pouls est tombé à 60 pulsations. Mes deux pieds se sont réchauffés complétement. Tous mes membres ont acquis une grande souplesse, qui vient encore augmenter le sentiment général de bien-être que je ressens.

Je sors de l'appareil, pour m'y remettre lorsque j'aurai quitté mes vêtements.

Bientôt j'éprouve dans mon cabinet un froid aussi vif que si l'on était en hiver ; et des bluettes nombreuses viennent scintiller devant mes yeux, mais surtout devant l'œil gauche et en dehors de cet œil, brillantes comme les étincelles d'une pièce d'artifice.

Trois minutes après avoir quitté le bain, je ne ressens plus rien de particulier.

J'ai fait renouveler l'air de mon cabinet, et à dix heures et demie j'entre, sans être vêtu, dans l'appareil.

Un froid vif me saisit. Mes pieds se trouvent placés sur l'orifice qui donne passage au gaz. Le courant est très-sensiblement froid, et j'ai promptement les deux pieds glacés. Cette circonstance m'avait échappé dans ma première expérience, pendant laquelle j'avais conservé mes chaussures.

Comme lorsque j'avais mes vêtements, une impression de douce et agréable chaleur succède au froid ressenti d'abord. A dix heures trente-cinq minutes, le froid aux pieds est devenu insupportable. Je suis forcé de les éloigner du courant.

10 h. 37 m. — Une chaleur moite se déclare à la partie supérieure du corps, et les membres inférieurs se réchauffent.

10 h. 43 m. — La chaleur est générale. J'ai un

peu de sueur sur la face. Des picotements se font sentir aux avant-bras et aux mollets.

10 h. 45 m. — Je n'ai plus que 52 pulsations. La chaleur persiste et le bien-être devient complet.

10 h. 55 m. — Je ressens un très-léger mal de tête; la personne qui écrit sous ma dictée se plaint d'avoir comme un bandeau sur les yeux, et éprouve des douleurs frontales assez vives.

Je veux néanmoins rester encore dans mon bain; mais bientôt des démangeaisons se déclarent dans toutes les parties du corps, et sont si fortes aux épaules et sur les pieds, que je ne puis résister au besoin de me gratter.

10 h. 58 m. — Mon pouls est remonté à 56. Il accuse quelques irrégularités.

Je quitte l'appareil, et je constate que ma salive est devenue acide sans qu'il y ait eu de changement pour mon urine.

La circulation capillaire de la peau a été beaucoup moins active au visage qu'aux parties du corps plongées dans le gaz; et, comparée à la rougeur de ces parties, ma figure semble très-pâle.

Voulant apprécier la température et l'action d'un bain de gaz pris à la sortie de la source, je priai M. Ludwig de me faire établir un appareil dans la petite cour du Kleiner-Sprudel. Il eut la bonté de se rendre à mon désir, et je pus compléter mes expériences.

Voici ce que j'éprouvai dans ce bain, pris le 5 juillet 1855, sous les yeux de presque tous les baigneurs de Nauheim :

Il est cinq heures dix minutes du soir. La température extérieure est de 20° 5 c. Celle du gaz recueilli sur la source est de 26° c. Ma salive est neutre, mon urine acide, mon pouls a 76 pulsations et je respire 19 fois par minute. J'entre dans l'appareil et j'éprouve une sensation modérée de chaleur.

5 h. 13 m. — La chaleur a progressivement augmenté. Lorsque je remue la tête, il passe entre l'ouverture du couvercle et mon cou une petite quantité de gaz qui me fait éprouver aux yeux un picotement pénible, et je reconnais en même temps l'odeur piquante de l'acide carbonique et sa saveur aigrelette. J'ai des envies presque irrésistibles d'éternuer.

5 h. 15 m. — J'éprouve une sensation de brûlure entre les deux épaules, mais j'ai toujours les pieds froids.

5 h. 18 m. — La chaleur aux pieds revient peu à peu. Cependant ma respiration ne se fait plus aussi facilement; elle s'est abaissée à 16 fois par minute.

5 h. 22 m. — Le pouls est le même. J'éprouve aux organes génitaux un chatouillement non moins agréable que celui que j'avais ressenti pendant ma

première expérience. La sueur commence à se montrer à la face, mais avec plus d'abondance autour de la bouche.

5 h. 25 m. — La sensation de brûlure devient de plus en plus forte entre les deux épaules, et je sens les gouttes de sueur qui roulent sur ma poitrine. En me pinçant en plusieurs endroits, je constate que la sensibilité n'est ni augmentée, ni diminuée.

5 h. 30 m. — La sueur est générale. Les pieds restent toutefois un peu moins chauds que toutes les autres parties du corps.

5 h. 40 m.— J'ai le pouls plein, mais régulier ; il s'est élevé à 76 pulsations. La sueur est abondante.

A cinq heures quarante-cinq minutes, je quitte le bain.

Ma salive est devenue *alcaline*, mon urine est restée acide.

L'impression de l'air a déterminé une sensation de froid si vive, que j'ai été obligé de me couvrir d'un paletot d'hiver très-lourd et très-chaud.

II. *Douches locales de gaz.* — On emploie les douches gazeuses sur la peau dans certaines affections cutanées; dans les oreilles, pour remédier à certaines surdités; sur les yeux, dans certaines ophthalmies; sur la muqueuse nasale, lorsqu'elle est affectée de troubles dans sa sécrétion.

J'ai dit qu'un compartiment particulier de l'établissement du Kleiner-Sprudel est destiné à l'usage du gaz en douches et à son emploi à l'intérieur. Les murailles de cette salle donnent passage à des tuyaux en communication avec la source gazeuse. Des ajutages sont adaptés à leur extrémité; mais ces ajutages sont mobiles et peuvent être remplacés par les baigneurs eux-mêmes, qui le plus habituellement apportent avec eux l'anche ou embout dont ils veulent se servir.

1° Lorsqu'on veut faire arriver un courant de gaz sur la peau, on prend un ajutage en forme de bec de basson, et dont l'ouverture est plus ou moins large suivant l'étendue qui doit être douchée.

J'ai reçu directement, pendant dix minutes, sur la partie médiane et antérieure de l'avant-bras, un courant gazeux sortant d'une anche de moyenne ouverture; et voici ce que j'ai éprouvé :

J'ai eu d'abord une sensation de froid assez vif qui persista pendant deux minutes et demie. Une sensation de chaleur, à peine prononcée, lui succéda alors et devint presque complète après cinq minutes. A ce moment, j'observai, dans les parties de la peau qui recevaient directement le courant, comme de petites traînées rougeâtres. Au bout de six minutes, ces lignes avaient acquis leur *summum* d'intensité, et ne varièrent plus.

L'expérience terminée, la rougeur de la partie douchée devint beaucoup plus visible, non-seulement au point où j'avais reçu le jet, mais encore autour de ce point. Cette rougeur avait d'ailleurs son maximum d'intensité à son centre et allait en décroissant progressivement jusqu'à l'endroit où la peau reprenait sa teinte normale.

2° Pour injecter le gaz dans l'intérieur de l'oreille, on se sert d'un ajutage de même forme que le précédent, mais dont l'ouverture est beaucoup plus petite.

J'introduisis l'appareil dans mon oreille externe, et je reçus le courant. J'éprouvai un froid analogue à celui qui résulte du déplacement d'une colonne d'air; il me sembla bientôt entendre un roulement de tambour dans le lointain, ou plus exactement le bruit d'une locomotive en mouvement à une distance assez éloignée; puis j'eus une sensation de chaleur qui ne tarda pas à arriver au degré de la brûlure.

Une douche gazeuse dans l'oreille ne peut être supportée pendant plus de cinq minutes, par les personnes même les moins excitables.

Après cette expérience et pendant les deux premières minutes qui la suivirent, j'eus du côté douché une exaltation manifeste de la sensibilité de l'ouïe, et je conservai, pendant environ cinq minutes, la sensation de chaleur qui s'était produite.

3° Pour se doucher localement une seule paupière ou un seul œil, on se sert d'un embout ayant la forme d'une petite pomme d'arrosoir. On arme chaque main d'un appareil semblable, lorsque les deux yeux sont malades.

Ici encore c'est, au premier moment, une sensation de froid que l'on éprouve; mais cette sensation fait place à une chaleur qui devient bientôt cuisante, insupportable. On a aussi des picotements dont l'intensité augmente progressivement et qui sont accompagnés de larmes abondantes. Il me fut impossible de recevoir la douche pendant plus de trois minutes et demie.

Pendant toute la durée de l'expérience, les vaisseaux de la conjonctive s'étaient injectés. L'oculaire et la palpébrale avaient sensiblement rougi; elles ne reprirent leur aspect et leur fonction normale qu'au bout de deux minutes. Je remarquai aussi de la rougeur jusque sur la peau si lâche et si fine des paupières.

4° Lorsqu'il existe une maladie, soit des fosses nasales, soit des sinus qui y aboutissent, ou un trouble dans la sécrétion de la muqueuse, on se sert, pour faire arriver le courant gazeux au point malade, d'un ajutage spécial d'autant plus long, étroit et pointu que l'on a à combattre une affection plus profonde. Je ferai remarquer seulement que l'on est obligé d'agir isolément sur chaque narine, alors même que l'une et l'autre sont malades. Il serait impossible ou tout au moins imprudent d'essayer une application simultanée ; et il convient même d'espacer les injections faites à l'aide d'un seul appareil de manière à conserver par la respiration l'hématose indispensable à la vie. Le gaz carbonique est un agent non respirable qu'il faut employer avec sagesse, afin de ne pas occasionner un commencement d'asphyxie.

Lorsque je m'appliquai dans une des fosses nasales un ajutage de petit calibre, le gaz me fit éprouver, au début, une sensation de froid. L'odeur piquante et particulière à l'acide carbonique se manifesta dès le premier moment; puis la sensation de froid fit place à une sensation de chaleur qui augmenta progressivement jusqu'à la brûlure. Les sécrétions oculo-nasales se développèrent aussi presque instantanément. L'œil du côté douché devint larmoyant et des mucosités abondantes obstruèrent ma narine. Je fus obligé de suspendre.

Je n'éprouvai pas toutefois des sensations aussi pénibles que lorsque j'avais douché les yeux ; et la muqueuse nasale me sembla disposée à s'habituer aisément à ces sortes d'injections.

III. *Gaz à l'intérieur.* — M. le Dr Bodé a employé, d'une façon fort utile, le gaz à l'intérieur dans certains accidents du tube digestif et dans certains troubles des sécrétions gastriques ou intestinales.

On se sert, pour l'ingurgitation du gaz, d'un

appareil à peu près semblable à celui que l'on emploie pour doucher les yeux, c'est-à-dire d'une sorte de pomme d'arrosoir qui offre l'aspect d'une petite sphère à brûler les parfums.

Avant d'avaler de l'acide carbonique, j'essaye ma salive. Elle est alcaline.

Je place l'appareil devant ma bouche, j'aspire et je fais pénétrer dans l'estomac, avec ma salive, le gaz que je viens de recevoir. Une saveur acide très-prononcée se développe, et j'éprouve sur toute la muqueuse buccale une sensation de fraîcheur qu'une chaleur assez forte remplace rapidement. Le gosier se contracte et permet à peine les mouvements de déglutition.

Comme effet physiologique, je remarque seulement que ma salive a conservé son alcalinité et qu'une chaleur, qui n'est pas désagréable, s'est momentanément produite au creux épigastrique.

§ 3.

Action physiologique des eaux du Kurbrunnen, du Salzbrunnen, de Schwalheim et de l'Alkalischer-Saüerling.

Le Kurbrunnen et le Salzbrunnen sont les deux sources où vont boire journellement les malades réunis à Nauheim. Elles ont l'une et l'autre une action purgative; mais l'eau du Kurbrunnen est un peu moins active que celle du Salzbrunnen.

Il convient de les prendre le matin entre cinq et sept heures; et, chaque jour, comme dans tous les établissements de bains d'Allemagne, un orchestre fort bien dirigé donne aux buveurs le signal du réveil.

La source du Salzbrunnen est la plus fréquentée. Son eau a un effet purgatif plus certain et se boit plus aisément.

Deux matins de suite, le 2 et le 3 juillet, je me suis fait buveur du Kurbrunnen d'abord, et ensuite du Salzbrunnen.

I. Pour suivre ponctuellement les prescriptions accoutumées, j'ai bu trois verres du Kurbrunnen, en mettant entre chacun d'eux un quart d'heure d'intervalle, que j'ai employé à faire une promenade dans le parc.

L'eau de cette source, fraîche plutôt que chaude, a une saveur modérément salée. Des bulles se dégagent incessamment du fond du verre et déterminent dans le nez des picotements assez vifs au moment où on l'avale. Elle n'est pas cependant désagréable à boire, mais on conserve son goût salé pendant environ les dix premières minutes qui suivent son ingestion.

Après mon second verre, j'éprouvai quelques gargouillements, mais pas de coliques.

Je savais que souvent deux verres du Kurbrunnen produisent, lorsque surtout on est pour la première fois soumis à son action, l'effet purgatif que l'on espère en obtenir. J'attendis donc jusqu'à huit heures pour prendre mon troisième verre, que je bus sans le plus léger dégoût; et, vers huit heures et demie, je fus obligé de gagner, comme tant d'autres, l'une des maisonnettes que l'on a bâties sur la rivière de l'Usa.

Les selles provoquées par les eaux du Kurbrunnen sont liquides, jaunâtres et d'une odeur particulière. Précédées d'assez violents borborygmes, elles ne sont pas accompagnées de coliques.

J'éprouvai, jusqu'à mon déjeuner, un sentiment de bien-être plus grand que dans mon état habituel.

Avant de boire l'eau du Kurbrunnen, ma salive était légèrement alcaline, et mes urines, quoique acides, rougissaient peu le papier de tournesol.

Après l'effet purgatif, ma salive était devenue acide, et le papier de tournesol était fortement rougi par mes urines. Les fèces étaient également acides.

Mon pouls, qui était à 70 pulsations avant sept heures du matin, s'était élevé à 72 seulement.

Vers neuf heures, je sentis, sans le moindre malaise, une salivation plus abondante.

L'eau que j'avais bue n'eut point d'action diurétique.

A dix heures, je trouvais encore, en y faisant attention, le souvenir de son goût salé.

Je ferai remarquer, en terminant ce que j'ai à dire de l'action physiologique de l'eau du Kurbrunnen, que, lorsqu'on la prend à faible dose, au lieu de purger, elle amène de la constipation. Aussi les médecins de Nauheim l'emploient-ils souvent de cette manière pour diminuer les sécrétions muqueuses trop abondantes de l'intestin; et il est digne d'attention que certaines diarrhées séreuses, difficiles à arrêter par les moyens connus, cèdent presque infailliblement, par exemple, à un verre d'eau du Kurbrunnen.

II. L'action physiologique du Salzbrunnen est à peu près semblable à celle du Kurbrunnen. Son eau toutefois, plus chargée de principes salins, est plus énergiquement purgative.

L'eau du Salzbrunnen est d'un degré plus chaude que celle du Kurbrunnen; mais elle ne laisse pas dégager un aussi grand nombre de bulles de gaz. Elle ne m'a pas semblé désagréable à boire.

De six heures et demie à sept heures du matin, j'ai bu, de quart d'heure en quart d'heure, un verre du Salzbrunnen et j'ai eu soin de faire, entre chacun de ces verres, la promenade recommandée.

Je n'ai ressenti jusqu'à dix heures que de forts et bruyants borborygmes, une lassitude générale et un grand besoin de repos. J'ai eu, vers cette heure-là, mais accompagnée de coliques, une selle liquide, jaunâtre, presque inodore et fortement alcaline.

J'avais constaté, à mon lever, que ma salive était alcaline, que mon urine était acide et que mon pouls battait 68 fois par minute. Je trouvai, à dix heures et demie, mon urine plus acide que le matin, ma salive acide et mon pouls élevé à 80 pulsations.

Le Salzbrunnen n'a pas plus que le Kurbrunnen d'effet diurétique. Son goût salé persiste moins longtemps. Lorsqu'on le prend à faible dose, il a également une action astringente sur l'intestin.

III. L'eau de Schwalheim s'emploie aux repas, seule ou mêlée avec le vin, comme boisson d'agrément. Elle remplace parfaitement, au point de vue du goût et de l'effet digestif, l'eau de Seltz naturelle, dont l'usage est si répandu dans le Nassau et dans les pays voisins. Je n'ai rien de plus à en dire ici.

IV. Lorsque l'on boit de l'eau de l'Alkalischer-Saüerling, on est tout d'abord frappé de la ressemblance de son goût avec celui de l'eau de Vichy; et c'est probablement à cette saveur qu'elle doit son nom d'*alcaline*, bien qu'elle soit exclusivement acide aux réactifs chimiques.

Des bulles nombreuses de gaz s'élèvent lentement du fond du verre et piquent assez fortement, pendant l'ingurgitation, la membrane pituitaire.

J'ai bu trois verres du Saüerling et je n'ai éprouvé à l'épigastre ni malaise, ni pesanteur. Ils n'ont provoqué non plus rien d'anormal du côté de l'intestin. Je n'ai eu ni borborygmes, ni coliques.

On se souvient que l'eau de cette source est à $15^{\circ}\,{}^{1}/_{2}$ R. = 19°5 c. Aussi la température extérieure étant de 12° R. = 15° 5 c. seulement, elle m'a semblé presque tiède en la buvant.

Avant de boire, ma salive était neutre, mon urine acide et mon pouls à 68.

Elle ne modifia pas le nombre des pulsations; mais je trouvai, deux heures après l'avoir bue, ma salive alcaline et mon urine plus acide et un peu colorée.

CHAPITRE II.

THÉRAPEUTIQUE.

J'ai dit que les eaux de Nauheim s'emploient en boisson et en bains, et que les bains sont généraux ou locaux, d'eau stagnante ou courante, simples ou additionnés d'*eau mère*.

J'ai dit aussi que le gaz s'emploie en bains, en douches ou à l'intérieur, et que les douches sont de volumes divers et de formes variées.

J'arrive à la partie la plus importante de mon travail, à l'étude de l'action thérapeutique des eaux et des gaz de Nauheim, et je parlerai, sous deux titres distincts, 1° de l'action thérapeutique des eaux employées en boisson et en bains, et 2° de l'action thérapeutique du gaz du Kleiner-Sprudel.

TITRE PREMIER.

ACTION THÉRAPEUTIQUE DES EAUX.

Je voulais signaler d'abord à l'attention l'énergie de l'action thérapeutique des eaux de Nauheim et les résultats étonnants que l'on obtient de leur usage; mais, après y avoir réfléchi, il m'a semblé plus convenable de laisser dans l'ombre, quant à présent du moins, mes appréciations personnelles, afin de conserver toute leur autorité aux observations qui seront rapportées plus loin, et de permettre à ceux qui voudront bien les parcourir d'y puiser des impressions parfaitement indépendantes.

Voici l'ordre que je me propose de suivre. J'étudierai l'action des eaux de Nauheim d'abord dans les maladies générales: la *scrofule*, la *chlorose*, l'*anémie*, les diverses formes de *rhumatisme*, la *syphilis*, les *excès vénériens* et l'*impuissance*. — Je l'étudierai ensuite dans les *affections spéciales au système nerveux* et les *névroses*; *dans les maladies des organes contenus dans le thorax et l'abdomen ; enfin , dans certains états pathologiques des membranes muqueuses, séreuses ou cutanée.*

Toutefois, avant d'entrer dans ces études particulières, j'ai à présenter quelques considérations générales assez importantes sur l'usage des eaux et plus spécialement sur les additions d'eau mère dans les bains.

OBSERVATIONS GÉNÉRALES.

Il est rare que les maladies traitées aux thermes de Nauheim ne réclament pas l'emploi simultané de l'eau à l'intérieur et à l'extérieur , et l'on réunit le plus souvent l'eau prise en boisson du Kurbrunnen ou du Salzbrunnen aux bains du Grosser-Sprudel.

J'avertis dès à présent, cependant, que l'usage de ces eaux veut, dans certains cas, être séparé pour être utile, et que leur réunion pourrait être dangereuse. J'aurai soin d'indiquer ces exceptions au fur et à mesure que l'occasion s'en présentera.

On prend les eaux et les bains de Nauheim pendant une ou plusieurs saisons, suivant les exigences de la maladie. La saison est, en général, de 25 ou 30 jours. Je dis *en général*, car la durée d'une saison n'est pas une vérité thérapeutique, et il appartient toujours au médecin de proportionner la durée du traitement aux effets qu'il en obtient et à la résistance du mal.

La cure d'eau varie aussi suivant les âges, les sexes et les tempéraments, et l'on comprend que ces conditions diverses exigent la direction, pour ainsi dire constante, d'un médecin, qui seul est à même de reconnaître dans quels cas le traitement doit être arrêté ou seulement suspendu.

J'ai eu l'occasion de dire ailleurs que les eaux du Kurbrunnen et du Salzbrunnen produisent un effet purgatif et qu'il suffit habituellement d'en boire, le matin, deux ou trois verres.

On commence d'ordinaire par l'eau du Kurbrunnen, moins chargée en principes muriatiques et, par conséquent, moins active. Ce n'est qu'après quatre à cinq jours, et quelquefois même plus tard, que les malades vont au Salzbrunnen, dont la source exerce sur l'intestin un effet plus énergique et plus prompt.

Les jeunes gens, les adultes et les vieillards digèrent ces eaux, en général, assez facilement. Mais elles ne doivent être prescrites qu'avec une extrême prudence chez les enfants qui n'ont point encore atteint leur troisième année, car elles pourraient déterminer des entérites toujours si graves dans ce premier âge.

On verra plus loin, lorsque j'indiquerai les maladies dans lesquelles elles pourraient être nuisibles, qu'il convient de ne pas les employer chez les personnes dont l'estomac, les intestins ou leurs annexes présentent, dans un de leurs points, une maladie chronique inflammatoire ou organique.

Il est encore digne de remarque que les eaux de Nauheim prises en boisson, quoique purgatives, ont un action tonique. Mais cette action toutefois est moins énergique que celle des bains du Grosser-Sprudel. Ainsi, un anémique traité par les eaux du Kurbrunnen ou du Salzbrunnen éprouvera sous leur influence un effet purgatif et tonique à la fois; mais sa guérison sera moins prompte que s'il était soumis même à un seul bain par jour.

L'action tonique des bains d'eau courante est plus développée que celle des bains ordinaires, mais on peut élever à une plus grande puissance encore la force de ces derniers par l'addition de *mutter-laüge* ou eau mère.

Eau mère. — Lorsque l'eau dont on veut extraire le sel a successivement traversé toute la longueur des bancs de fascines, elle est recueillie dans des chaudières où on la chauffe fortement, afin d'obtenir la cristallisation du chlorure de sodium. Ce qui résiste à cette cristallisation présente l'aspect d'un liquide brunâtre, poisseux, qui ressemble beaucoup à de la lessive. Ce résidu est ce qu'on appelle l'eau mère (mutter laüge), et l'on comprend qu'il contient, sauf le sel marin et l'acide carbonique, tous les autres principes de la source à l'état de grande concentration.

Les bains additionnés d'eau mère exigent certaines précautions à cause de leur grande puissance et de leur action. Le médecin doit en surveiller avec soin les effets et proportionner les quantités d'eau mère à la sensibilité cutanée des malades. Si cette surveillance était négligée, il y aurait danger de voir apparaître un érysipèle sur un des points du tégument externe, alors même qu'il n'existerait aucune solution de continuité apparente, et ce danger serait beaucoup plus grand s'il y avait une plaie ou un ulcère. Je me borne donc à dire ici qu'il est d'habitude de commencer par une addition d'un litre d'eau mère par bain; mais que quelquefois, cependant, il faut débuter par une quantité moitié moindre. Au surplus, ces additions ne commencent guère qu'après les trois ou quatre premiers bains d'eau pure de la source; et, en suivant une progression graduée, on parvient à les élever quelquefois jusqu'à huit et dix litres.

La présence de l'eau mère dans le bain rend plus marquée l'impression du froid que l'on ressent sur tout le corps au moment de l'immersion; et il ne faut pas oublier de prévenir les malades que cette sensation doit être de courte durée et qu'une agréable chaleur ne manque jamais de la remplacer bientôt. Si le baigneur, n'étant pas averti de ce phénomène, avait l'imprudence, pour réchauffer son bain, d'ouvrir, par exemple, le robinet du Frédéric-Guillaume, il aurait bientôt une rougeur intense de toute la peau, et il éprouverait, sous l'influence d'une circulation trop fortement surexcitée, des démangeaisons intolérables souvent, des palpitations, de la dyspnée, de la céphalalgie, des bourdonnements d'oreilles, des éblouissements, des vertiges et un état de malaise que pourraient suivre des accidents sérieux.

Les bains, avec addition d'eau amère, si efficaces lorsqu'on prend les précautions que j'ai indiquées, sont d'un usage à peu près exclusif chez les nouveau-nés; et on les emploie très-fréquemment aussi dans certaines maladies, dans la scrofule, par exemple, dont les manifestations si diverses appartiennent surtout à la seconde enfance et au commencement de la jeunesse.

L'eau mère ne s'emploie pas seulement dans les bains. On s'en sert aussi pour imbiber des compresses qui, appliquées sur la peau, provoquent, au bout de 24 ou de 48 heures, une éruption ressemblant beaucoup à celle que détermine la pommade d'Autenrieth. Bien qu'elle offre un puissant moyen révulsif naturel, elle n'a pas été souvent employée jusqu'à ce jour ; je crois qu'il serait à désirer que dorénavant on y eût recours plus fréquemment.

L'eau mère a été analysée par M. le Dr Bromeis. Elle contient les matières suivantes :

Chlorure de soude	72.1151
— de chaux.	132.6333
— de calcium.	2302.2263
— de magnésie	269.0303
Sulfate de chaux.	5.7600
Bromure de magnésium . . .	6.7584
Chlorure de fer	traces.
— de manganèse . . .	traces.
— d'alumine	traces.
Substances organiques. . . .	4.6080
Résidu insoluble.	0
Total des substances fermes.	2794.1314
Eau	4885.8686
Total général	7680.0000

En faisant subir à l'eau mère une nouvelle évaporation, on obtient une substance à cristallisation irrégulière et incomplète dont M. le Dr Bromeis a fait aussi l'analyse. Elle contient :

Chlorure de soude	140.8509
— de chaux.	206.5919
— de calcium.	3150.7101
— de magnésie	318.8000
Sulfate de chaux.	8.9856
Bromure de magnésium . . .	0.9984
Chlorure de fer	peu de traces.
— de manganèse . . .	peu de traces.
— d'alumine	peu de traces.
Substances organiques. . . .	0
Résidu insoluble.	18.6624
Total des substances fermes.	3845.5993
Eau.	3834.4007
Total général	7680.0000

Cette substance, qui n'est que l'eau mère solidifiée, pour ainsi dire, est connue en Allemagne sous le nom de *sel de bain de Nauheim* et sert à imiter la composition des bains de la source. Cette imitation, dont les effets peuvent être aussi extrêmement utiles, n'est guère en usage, jusqu'à présent, que sur les bords du Rhin.

On met ordinairement 500 grammes de sel de bain de Nauheim dans l'eau d'une baignoire, et cette dose peut être ultérieurement portée à 1 kilogramme et même au-dessus.

J'ai terminé les considérations générales que

j'avais à présenter; j'arrive aux maladies indiquées au commencement de ce chapitre.

§ 1er.

Scrofule.

En tête de toutes les conditions morbides sur lesquelles les eaux de Nauheim ont le plus de prise, se place assurément la scrofule. Toutes ses manifestations, qu'elles soient intérieures et puissent être perçues cependant ou échappent à nos moyens d'investigation, ou bien qu'elles soient extérieures et se présentent sous forme de tumeurs ou d'ulcères, en reçoivent des modifications profondes et avantageuses.

Il pourrait suffire aux exigences de cette étude de constater l'effet favorable qu'amène le traitement par les eaux de Nauheim; mais, comme les travaux récemment publiés sur ce que l'on doit entendre par *scrofule* ont encore augmenté peut-être les dissidences qui existaient déjà, il me paraît indispensable de caractériser les accidents qui, dans ma pensée, doivent être compris sous le titre général que j'ai choisi.

Suivant moi, il faut distinguer dans la scrofule trois périodes que j'appelle : la première d'*incubation*, la seconde de *localisation*, et la troisième de *suppuration*.

La période d'incubation n'est autre chose que le tempérament lymphatique exagéré avec manifestations extérieures peu ou point caractérisées.

Dans la seconde période ou de localisation, la maladie se caractérise de manière à ne plus laisser aucun doute sur sa nature et sur son développement. Alors se manifestent les engorgements plus ou moins prononcés des ganglions, au cou, aux aisselles, aux mamelles, aux aines, etc. Alors aussi se produisent, sur quelques sujets, des gonflements articulaires ; et, chez d'autres, des développements nappiformes des phalanges, ou de simples boursouflements dans le trajet des os. Je n'ai pas besoin de dire que ces diverses altérations morbides se montrent tantôt successivement, tantôt simultanément, et sur plusieurs points à la fois. Je n'ai pas besoin de dire non plus que, dans cette période, la maladie peut se présenter sous une forme aiguë, bien que le propre de la scrofule soit d'être, dès son début même, presque toujours chronique.

La dernière période, celle de suppuration, est la plus longue, car sa durée, indéterminée si elle est abandonnée aux propres forces de la nature, est toujours en raison de l'étendue et de l'intensité des altérations morbides locales. Toutefois, les lésions des parties molles, lorsqu'elles sont bornées à la peau ou au tissu cellulaire, ne sont pas ordinairement aussi graves et ne durent pas aussi longtemps que celles qui envahissent les articulations ou le système osseux dans sa continuité. Les chirurgiens savent que, dans ces dernières, il est souvent indispensable d'avoir recours à l'amputation pour conserver la vie des malades épuisés par les progrès du mal et par la suppuration qui les mine.

Je dois noter aussi la marche singulière que suivent, en général, les affections scrofuleuses, car elles présentent, chaque année, dans leur développement une sorte de régularité digne d'être remarquée. Ainsi, tous les symptômes locaux se montrent avec plus d'intensité vers la fin de l'hiver ou au printemps, à l'époque qui correspond environ à celle de l'invasion de la maladie. Ils s'amendent, au contraire, constamment pendant l'été, et l'amélioration est tellement prononcée durant les chaleurs, qu'on est souvent tenté de croire à une guérison complète. L'hiver arrive et vient détruire les espérances que l'on avait conçues, et l'affection se reproduit au printemps avec une nouvelle intensité.

La maladie peut se terminer dans l'une ou dans l'autre des périodes que je viens d'indiquer. Ainsi, beaucoup d'enfants qui portaient sur leurs traits le cachet d'un tempérament lymphatique marqué guérissent, se développent parfaitement bien et acquièrent plus tard une constitution qui ne permettrait guère de supposer ce qu'ils étaient dans leurs premières années. Ainsi encore, beaucoup de jeunes gens, après avoir eu, dans leur seconde enfance et surtout pendant l'adolescence, des ganglions cervicaux ou autres simplement engorgés ou même abcédés, deviennent forts et vigoureux dans leur âge adulte. Ainsi enfin, des hommes qui portent, sur un ou plusieurs points de leur corps, des cicatrices étendues et adhérentes à l'os, indice presque toujours de leur tempérament primitif, parviennent à une santé robuste et à une structure quelquefois athlétique.

Mais les choses sont loin de se passer toujours d'une façon si heureuse. Combien d'enfants chétifs et lymphatiques sont emportés par le développement des accidents scrofuleux ! Combien, au moins, conservent au cou, par exemple, la chaîne des ganglions encore intumescents ou de larges et difformes cicatrices qui pourront compromettre leur avenir et empoisonner leur existence ! Combien enfin sont privés d'un de leurs membres, qu'un chirurgien habile ou heureux a dû sacrifier pour leur conserver une vie menacée par une suppuration hors de proportion avec leur force et par une fièvre hectique qui ne pardonne guère !

Quelle que soit la période à laquelle soit parvenue la maladie si grave dont je viens de rappeler les accidents, mes observations personnelles et les documents que j'ai recueillis me permettent d'affirmer ici que les eaux de Nauheim ont la vertu de la guérir. Je parle avec assurance, mais sans exagération : car si des guérisons accidentelles, dues à la simple influence des chaleurs de l'été, ont pu suffire à faire la réputation de sources dans lesquelles l'analyse chimique n'a reconnu d'autres éléments que ceux de l'eau de roc, cette cause serait tout à fait impuissante à justifier les résultats obtenus à Nauheim. J'ai pu constater l'efficacité certaine des eaux sur des malades trop nombreux et trop gravement atteints pour qu'aucun doute soit resté possible pour moi ; et les milliers d'observations conservées par les médecins de l'établissement thermal viendraient, au besoin, appuyer ma conviction. Chez tous les scrofuleux qui ont su persévérer et suivre un traitement régulier, la guérison a été *invariablement* obtenue, quelle que fût la période de la maladie, et alors même qu'arrivés au dernier degré du dépérissement et du marasme, on était obligé de se servir d'un lit pour les transporter aux sources. M. le Dr Bodé, médecin du gouvernement de la Hesse-Cassel à Nauheim, n'a pas vu mourir, depuis quatorze ans, un seul scrofuleux pendant la saison thermale, quelles que fussent, au moment de leur arrivée, la gravité de la maladie et ses inquiétudes.

Les enfants ou les jeunes gens qui arrivent à Nauheim avec un teint bouffi et plombé, les yeux grands, le nez épaté, la lèvre supérieure en cœur, etc..., portant, en un mot, la physionomie accentuée de leur constitution scrofuleuse à sa première période, y prennent, la plupart du temps, dès les premiers jours, après avoir bu et s'être baignés, un teint qui s'anime progressivement et une carnation annonçant que la cure sera incessamment radicale. Il me serait facile de citer de nombreux exemples ; mais les observations applicables à des cas d'une extrême gravité, et dont je vais donner quelques-unes, me dispensent d'insister sur des résultats nécessairement plus faciles à obtenir.

J'ai choisi, pour les rapporter ici, celles de mes observations qui m'ont principalement frappé ; les limites de ce travail m'imposant de ne pas accorder une trop large place à la relation de faits particuliers et d'ailleurs analogues.

PREMIÈRE OBSERVATION.

Engorgement des ganglions cervicaux sans ulcération. — Guérison.

Elisa Schleger, âgée de 15 ans, a toujours eu une apparence maladive ; elle n'est pas encore réglée. Son arrivée à Nauheim remonte au 18 juin 1855 ; elle portait alors autour du cou, et littéralement d'une oreille à l'autre, un chapelet de ganglions lymphatiques qui lui donnait l'aspect le plus repoussant.

Le 2 juillet, lorsque je l'examine, elle a pris des bains du Grosser-Sprudel et bu trois verres d'eau du Kurbrunnen tous les matins depuis son arrivée. Son teint est encore un peu blafard et les ganglions lymphatiques cervicaux ont toujours un gros volume. Elle m'affirme cependant, ainsi que le docteur Bodé, qu'ils ont déjà diminué de moitié et que son visage est plus coloré.

6 *août*. — A mon retour à Nauheim, je revois Elisa Schleger et je constate que l'engorgement cervical a complétement disparu; il faut l'examiner avec beaucoup de soin pour reconnaître qu'il a existé. Le doigt perçoit encore un léger empâtement au niveau de l'angle de la mâchoire inférieure gauche. La constitution de la malade s'est de beaucoup améliorée. Elisa Schleger a aujourd'hui le teint de la santé. Il y a de la vie sous ces traits naguère flétris et décolorés.

DEUXIÈME OBSERVATION.

Tumeur blanche du genou gauche. — Guérison.

Jeanne Koch, de Mayence, âgée de 13 ans, est d'une constitution éminemment lymphatique et porte au cou des cicatrices de ganglions abcédés il y a cinq ans. Elle est venue à Nauheim, pour la première fois, en 1854. Elle avait alors une tumeur blanche de l'articulation du genou gauche pour laquelle on lui avait fait suivre dans sa ville natale, mais sans résultat, le traitement révulsif le plus énergique. Depuis huit mois, elle ne pouvait plus se servir de son membre malade.

Après une cure de six semaines, elle a éprouvé une très-grande amélioration dans son état local; elle a pu marcher sur la pointe du pied gauche à l'aide d'un bâton. L'épuisement général a surtout considérablement diminué.

3 *juillet* 1855. — Jeanne Koch est revenue à Nauheim; elle a pris huit bains, bu tous les jours deux verres du Salzbrunnen; je constate que sa tumeur blanche peut être considérée comme guérie. Le membre abdominal gauche, en effet, n'accuse plus qu'une déformation qui restera et de la roideur dans les grands mouvements; mais la marche est très-facile et Jeanne peut faire de longues courses sans fatigue. Elle ne boite point; il faut voir ses deux genoux en même temps pour savoir celui qui a été malade.

Elle est maintenant fraîche et rose et ne porte plus, sur sa face du moins, le cachet de sa constitution primitive.

6 *août*. — Elle est partie, depuis quinze jours environ, parfaitement guérie.

TROISIÈME OBSERVATION.

Engorgement énorme des ganglions sous-maxillaires. — Ulcération comprenant toute la joue gauche et allant d'une oreille à l'autre. — Ulcère fistuleux à la région thoracique supérieure. — Ulcère au pied droit. — Guérison.

Jean Weber, 14 ans, de Cassel, arrive le 4 juillet 1855. La partie inférieure du visage est complétement déformée par un engorgement des ganglions sous-maxillaires ulcérés depuis une oreille jusqu'à l'autre. A deux travers de doigt du lobule de l'oreille gauche, la joue est couverte d'une ulcération. — Ulcère fistuleux à la région thoracique supérieure. — Ulcère au pied droit.

6 *août.* — Il a pris trente-deux bains avec de l'eau mère. Un érysipèle de la face l'a forcé de garder le lit pendant quatre jours et de suspendre son traitement du 16 au 20 juillet.

Il n'y a plus aujourd'hui le plus léger engorgement des ganglions. La suppuration est complétement tarie. Une cicatrice a remplacé ses ulcères ; et Weber s'en retourne guéri, emportant un air de santé qu'il n'avait jamais eu.

QUATRIÈME OBSERVATION.

Abcès par congestion. — Tumeur blanche de l'articulation tibio-tarsienne gauche. — Guérison.
Carie du cubitus gauche. — Amélioration.

Max Raabé, 5 ans, de Burg près Marburg, est venu pour la première fois à Nauheim en 1854. Il portait alors un abcès par congestion le long du rachis et gardait constamment le lit.

4 *juillet* 1855. — Je le trouve dans le parc, où sa bonne le promène dans une petite voiture. Cet enfant a un visage charmant, plein d'intelligence et de distinction ; mais il porte, sur tous les points de son corps, le caractère de la constitution qui l'a amené à Nauheim.

Il a l'articulation tibio-tarsienne gauche très-volumineuse, empâtée et dure. Les mouvements sont devenus impossibles. Les deux articulations huméro-cubitales sont gonflées. Autour de l'articulation gauche, il y a un abcès qui siége au tiers externe et moyen de l'avant-bras. Comme elle se meut sans fatigue ni douleur, je pense qu'elle est saine et que c'est le cubitus qui est malade dans son tiers supérieur.

Cet enfant a commencé la saison de sa deuxième année depuis six jours. M. le docteur Bodé me dit que les progrès qu'il constate dans l'état général de ce jeune et intéressant malade lui font supposer que Max s'en retournera guéri, sinon après la saison de cette année, au moins après la cure de l'an prochain.

7 *août*. — Max Raabé ne présente plus à l'articulation tibio-tarsienne qu'un très-léger gonflement ; il fait aujourd'hui de petites promenades à pied sans être trop fatigué. L'abcès que j'avais noté autour de l'articulation huméro-cubitale est beaucoup moins volumineux, mais il n'est qu'incomplétement résorbé. A droite, l'articulation fonctionne comme dans l'état normal.

Ce malade a pris, tous les jours, deux verres du Kurbrunnen, et, chaque matin, un bain avec addition progressive d'eau mère. Aucun accident ne s'est montré pendant toute la saison.

Il doit finir sa cure l'année prochaine et part méconnaissable, tant il a pris de force et de fraîcheur.

CINQUIÈME OBSERVATION.

Carie des 3e, 4e, 5e vertèbres dorsales. — Abcès par congestion. — Plaies. — Carie ancienne d'une côte, du sternum, du fémur gauche. — Guérison des plaies. — Notable amélioration de l'état général et local.

Hermann Bart, 8 ans, de Léonberg.

5 *juillet.* — M. le docteur Bodé a la bonté de m'accompagner chez lui, car il ne peut quitter le lit.

Il porte, le long de la colonne vertébrale, au niveau des 3e, 4e et 5e vertèbres dorsales et un peu à gauche de leurs apophyses épineuses, une plaie qui semble en bonne voie de cicatrisation. Cette plaie résulte de l'ouverture d'un abcès par congestion. Au niveau des 6e et 7e vertèbres dorsales, et toujours à gauche, existe une fluctuation évidente, quoique profonde. Deux cicatrices adhérentes, l'une située vers l'angle de la 5e côte droite, l'autre vers le milieu du sternum, indiquent que ces deux points de la charpente osseuse ont été cariés et sont guéris. Enfin, on trouve une autre plaie, par laquelle est déjà sortie une esquille, vers le tiers supérieur de la cuisse gauche, qui a un volume double de la droite.

Le jeune Hermann porte, sur la face et sur tout son corps, le stigmate d'une constitution strumeuse au dernier degré.

Le docteur Bodé a vu tant de fois les eaux du Kurbrunnen en boisson et du Grosser-Sprudel en bains additionnés de mutter-laüge reconstituer, presque sous ses yeux, des natures plus éprouvées encore que celle de Bart, qu'il ne doute pas un instant de la guérison, malgré la perte d'appétit et la fièvre intense que cet enfant éprouve à tout moment du jour, mais surtout vers le soir.

8 *août.* — Au commencement de la cure, toutes les plaies devenaient plus grandes et la suppuration augmentait. Ce n'a été qu'au bout de la troisième semaine que la cicatrisation a commencé et qu'ont cessé les douleurs. Au bout de cinq semaines, la grande plaie du dos est presque cicatrisée. La plaie de la cuisse est diminuée de moitié.

Hermann part pour revenir à la saison prochaine. Il a pris trente-cinq bains avec addition d'eau mère et bu de l'eau du Kurbrunnen. Sa constitution s'est de beaucoup améliorée, surtout dans les derniers quinze jours; il a pu se lever et se promener un peu au soleil. Je ne doute pas plus que le docteur Bodé que la saison de 1856 ne ramène complétement Bart à la santé.

SIXIÈME OBSERVATION.

Tumeur blanche du genou gauche. — Guérison.

Christophe Reuling, 14 ans, de Nauheim, avait, il y a trois ans, une tumeur blanche de l'articulation fémoro-tibiale gauche et en a été traité, pendant la période aiguë, sans succès, par des antiphlogistiques locaux, des frictions stibiées, des vésicatoires.

3 *juillet* 1855. — Il fait aujourd'hui sa deuxième saison, et je constate qu'il est parfaitement guéri. Il

conserve tous les mouvements du genou. Seulement l'articulation du membre malade est restée un peu plus volumineuse, mais elle a tout autant de force que l'autre.

SEPTIÈME OBSERVATION.

Caries de plusieurs os et abcès par congestion dans divers points. — Abcès froids à l'épaule droite et au coude de ce côté. — Amélioration sensible de ces accidents après deux saisons.

4 *juillet* 1855. — Hauck, 27 ans, écrivain, de Eschwege, est malade depuis son âge de 4 ans. Il porte, sur toutes les parties du corps, des cicatrices adhérentes, indices de suppuration des os. Il a, à l'épaule droite, un abcès volumineux, froid ou par congestion. La fluctuation en est superficielle, dans la région sus-épineuse surtout; mais on la retrouve jusque sous l'aiselle.

Sa jambe gauche est malade depuis le grand trochanter jusqu'aux orteils. Le genou est énorme, la peau est indurée. On dirait un éléphantiasis déjà considérable. Le membre entier a perdu sa forme ordinaire. Ce jeune homme ne peut marcher qu'avec beaucoup de peine en se soutenant sur un bâton. Il est venu à pied cependant chez M. le docteur Bodé, où je prends cette observation.

A trois travers de doigt environ au-dessous du bord inférieur de la rotule gauche, existent deux ulcères profonds, taillés à pic, à bords lardacés, à fond grisâtre, donnant une suppuration fétide, ichoreuse, qui vient assurément du tibia malade. A côté, on trouve des cicatrices ayant succédé à des ulcères pareils guéris, les uns pendant la cure de l'année dernière, les autres depuis.

Hauck est convaincu qu'il retrouvera aux sources une santé qui lui permettra de faire convenablement son travail de bureau. Il me le dit sans y être provoqué, et ajoute qu'il a éprouvé, l'année précédente, à Nauheim une amélioration de sa constitution générale telle, que, à son retour dans son pays, ses camarades ont eu peine à le reconnaître.

Le docteur Bodé espère qu'après cette saison tous les ulcères seront cicatrisés et que l'état général aura encore beaucoup gagné. Pour mon compte, je déclare qu'avant d'être arrivé à Nauheim et d'avoir vu l'effet des eaux de cet établissement thermal, je ne connaissais d'autre moyen de guérir ce malade que l'amputation. J'ai peine, toutefois, à croire à une guérison d'accidents si graves et si multipliés.

Des cicatrices adhérentes s'observent encore le long du trajet de l'arcade zygomatique droite et à la joue gauche.

6 *août.* — L'état de Hauck s'est considérablement amélioré. Il est difficile de le reconnaître au premier abord.

Les plaies du membre inférieur gauche sont presque toutes fermées, surtout celle qui est située en dehors de la rotule et qui est maintenant à niveau avec la peau. Celle qui se voit en dedans et au-dessous de la rotule n'est plus taillée à pic et donne naissance aujourd'hui à du pus de bonne nature.

L'abcès de l'épaule a été percé par une ponction sous-cutanée qui a donné passage à un verre, au moins, d'un pus séreux. Cette collection purulente est aujourd'hui incomplétement reproduite. Le docteur Bodé, qui a pratiqué cette opération, pense que la poche est de nouveau remplie à moitié. Le foyer est cependant plus limité qu'il ne l'était à mon premier voyage, car je ne puis constater, ce que je faisais facilement alors, la fluctuation jusque dans le creux axillaire.

Du pus s'est aussi amassé au niveau de la région externe de l'articulation huméro-cubitale droite. La fluctuation y est même superficielle ; la peau est rouge et très-amincie. Pour qu'il ne se fasse pas un décollement plus considérable, j'engage le docteur Bodé à pratiquer une ponction, au moyen d'une lancette, à la partie la plus déclive. Du pus séreux, semblable à celui qui était sorti de l'abcès de l'épaule, s'écoule de cette ouverture. Un stylet est promené dans la cavité. Les os ne sont dénudés nulle part. Comme à l'épaule aussi, c'est ou un abcès froid ou un abcès par congestion, les os du voisinage étant malades, sans qu'il soit possible de le constater.

Hauck n'est assurément pas guéri ; mais il a vu son état général et local s'améliorer à un point tel que, pour tout le monde à Nauheim, il est un des exemples les plus frappants de l'efficacité des sources.

Après la visite dont je viens de donner la relation fidèle, j'avoue que mon opinion première s'est modifiée. Je crois aussi que ce malade, qui a tant souffert de son tempérament primordial et des accidents qu'il a déterminés, pourra voir, après une ou deux saisons encore, sa vie se passer avec des infirmités devenues supportables.

HUITIÈME OBSERVATION.

Mal de Pott. — Grande amélioration après une seule saison.

Madame Heinemann, 42 ans, de Gelnhausen, est encore réglée, quoiqu'elle ait la figure d'une femme de 70 ans. Elle est profondément amaigrie, cachectique, et a le teint d'un jaune terreux.

Il y a deux ans, elle éprouva quelques douleurs dans le dos. Elle n'y fit pas attention d'abord ; mais peu à peu ses jambes s'affaiblirent, et, au bout de trois mois, elle pouvait à peine marcher. Elle consulta son médecin, qui lui conseilla de mettre six cautères le long de la colonne vertébrale et de faire des fumigations et des frictions sur les jambes. Six mois après le début de sa maladie, elle ne pouvait plus faire un pas ; il lui fallait garder le fauteuil et plus souvent le lit.

C'est dans cet état qu'elle est arrivée à Nauheim, dans une petite voiture traînée par sa domestique, le 28 juin 1855. Il y a seulement trois jours qu'elle a commencé sa cure, et elle prétend déjà sentir mieux ses jambes et pouvoir faire quelques mouvements, en s'appuyant sur ses coudes, ce qui lui était impossible.

2 *juillet.* — Elle porte une tumeur du volume d'un œuf de poule au niveau de la première et de la deuxième vertèbre dorsale. La sensibilité persiste dans les deux membres inférieurs, complétement paralysés du mouvement. La possibilité d'uriner s'est conservée ;

mais il faut provoquer les selles à l'aide de lavements rendus presque toujours irritants.

Madame Heinemann est affectée du mal vertébral de Pott. Les six cautères dont j'ai parlé sont en pleine suppuration depuis septembre 1853.

M. le docteur Bodé m'affirme qu'il lui est arrivé des malades encore plus gravement atteints s'il est possible, et qu'au bout d'une seule saison quelquefois l'amélioration était telle qu'ils se croyaient guéris. Je ne crains pas de dire, pour mon compte, que si madame Heinemann était soumise à l'examen des chirurgiens de Paris, tous la considéreraient comme devant succomber presque infailliblement dans un temps assez rapproché.

6 *août.* — L'amélioration de l'état général me frappe au premier abord. La malade n'est plus aussi maigre, elle n'a plus le teint si terreux. Elle a eu ses règles le 20 juillet, elles ont coulé un peu plus abondamment que d'habitude. Je constate que la tumeur dorsale a diminué de moitié environ. Madame Heinemann descend, devant moi, sans aide, de sa voiture et peut faire quelques pas ; mais elle marche bien difficilement encore.

Elle a pris des bains généraux tous les jours et des douches de chaque côté de la bosse dorsale. Elle a mal supporté le Kurbrunnen pendant les dix premiers jours. Les vomissements l'ont obligée d'en suspendre l'usage. Elle va seule maintenant chaque jour et parfaitement à la garde-robe.

Madame Heinemann est enchantée de l'effet des eaux et se promet d'être une des premières arrivées l'an prochain.

Les observations qui précèdent, prises sur les malades chez lesquels la scrofule avait atteint son plus grand développement, montrent combien est puissante l'action des eaux de Nauheim ; et, comme après les avoir rapportées, je n'ai pas à établir l'efficacité souveraine de ces eaux dans les cas, de beaucoup plus nombreux, où la scrofule produit de moins grands ravages, je bornerais ici la relation de mes observations, si je n'avais encore à parler de l'influence des sources dans les ophthalmies scrofuleuses. Il était important de faire connaître l'action des thermes de Nauheim sur des accidents strumeux souvent mortels ailleurs ; mais il n'est pas moins utile peut-être d'indiquer aussi leur influence sur les ophthalmies scrofuleuses qui, comme on le sait, peuvent entraîner quelquefois la perte de la vue.

J'ajoute que les deux observations qui vont suivre ont une importance d'autant plus grande, que la guérison a été obtenue par l'usage des eaux seules et sans secours d'aucun autre moyen.

NEUVIÈME OBSERVATION.

Double conjonctivite. — Kératite double non ulcéreuse. — Guérison.

Adolphe Schleger, 12 ans, a une ophthalmie telle qu'il ne peut ouvrir les yeux, et tous les efforts pour apercevoir le globe oculaire sont tentés inutilement. La photophobie est si intense et si douloureuse, que le malade tient ses paupières aussi contractées qu'il le peut. Il y a du larmoiement.

Cet enfant porte, sur tous ses traits, le cachet d'une constitution lymphatique exagérée. Il n'a cependant jamais eu d'engorgements ganglionnaires.

Après avoir examiné l'état des yeux, je ne fus pas peu surpris d'entendre dire au médecin de l'établissement que Schleger aurait recouvré la faculté de les ouvrir et de supporter la lumière après trois ou quatre jours d'un traitement par les eaux seules du Salzbrunnen et du Grosser-Sprudel.

Malgré toute ma confiance dans le talent et la bonne foi de M. le docteur Bodé, je confesse que je crus à un peu d'exagération. Je ne pus même m'empêcher de le lui témoigner. Mon étonnement ne le surprit point. Plusieurs confrères ont été incrédules comme vous, me dit-il, et cependant ils étaient moins éloignés de nos eaux; jugez-en: « M. Ulmann, professeur à l'université
» de Marburg, vint m'amener, il y a deux ou trois ans,
» un enfant qui était exactement dans les mêmes con-
» ditions que le jeune malade qui vous est soumis. Je
» tins à M. le professeur Ulmann le même langage; et,
» loin d'être rassuré par cette promesse, il me déclara
» brusquement que le résultat que j'annonçais était,
» tout simplement, impossible. L'événement vint cepen-
» dant prouver que j'avais eu raison, et le malade du
» savant professeur s'en retourna guéri. »

Je suivis donc avec grande attention la cure du jeune Adolphe. Dès le second jour, la photophobie était moins intense, quoiqu'il fût impossible encore au malade d'ouvrir les yeux. Le troisième jour, il y avait déjà un clignotement et un peu d'écartement des paupières, qui n'étaient plus ni plissées ni fortement contractées. Enfin, le quatrième jour, Schleger put ouvrir facilement les yeux, me regarder, me dire le nombre de doigts que je lui montrais, la couleur de mes cheveux, etc., et me permettre de constater qu'il portait une double conjonctivite et une double kératite avec dépolissement, boursouflement et vascularisation considérables de la cornée transparente, non ulcérée cependant.

6 *août*. — Le malade y voit parfaitement ; le bord de ses paupières est encore un peu rouge et il porte un albugo sur chacune de ses cornées ; mais des deux côtés, les taches sont très-superficielles et disparaîtront, je n'en doute pas.

Schleger, depuis un mois qu'il est à Nauheim, a recouvré la vue et pris une force et un développement marqués. Il n'est plus triste, maigre et pâle, comme à son arrivée ; il est enjoué et a repris l'activité qui convient à son âge.

DIXIÈME OBSERVATION.

Kératite granuleuse. — Diarrhée chronique. — Guérison.

7 *juillet* 1855. — Jean X...., 12 ans, de Francfort, est arrivé à Nauheim le 28 juin dernier.

Son médecin l'avait envoyé porteur d'une note où il était dit : « Cet enfant a depuis quatre mois une kératite granuleuse avec photophobie et larmoiement. Depuis ce temps aussi, il a une diarrhée qui résiste à tous les moyens que j'ai prescrits; l'amaigrissement prend, tous les jours, d'effrayantes proportions. »

A son arrivée, cet enfant n'avait littéralement que les os et la peau et portait un cautère au bras gauche.

Tels sont les renseignements que M. le docteur Bodé me donne sur les antécédents de X....

Aujourd'hui, il est encore très-amaigri. Je constate qu'il n'existe plus ni photophobie ni larmoiement. La rougeur générale des deux conjonctives a disparu en partie; une ulcération peu profonde et en voie de cicatrisation persiste encore sur la cornée transparente gauche.

Jean X.... va prendre aujourd'hui son 9e bain.

6 *août*. — Depuis le huitième jour de son arrivée, la diarrhée a disparu. Le docteur Bodé a employé, pour obtenir ce résultat, l'eau du Kurbrunnen à petite dose. Dès ce moment, les digestions sont devenues normales, et l'état général s'est bientôt modifié sous l'influence d'aliments réparateurs.

La kératite est complétement guérie; il n'est resté, sur l'œil malade, qu'un glaucome qui commence à devenir transparent.

Il faut que je présente ici une dernière observation.

Certains auteurs modernes, comme MM. Roche, Velpeau, Rillet et Barthez, rejettent complétement l'existence d'une cause scrofuleuse; d'autres, au contraire, comme Hufeland et Lepelletier, voient le virus scrofuleux présider à une foule de maladies rebelles par leurs manifestations locales, rebelles surtout par leur action fâcheuse sur l'économie tout entière.

Ces derniers praticiens ont non-seulement admis les abcès, les adénites, les arthrites, les ostéites, les périostites, les ulcères et les ophthalmies scrofuleuses, mais encore ils ont soutenu que toujours le porrigo, le lupus, les diverses sortes de phthisie ne sont pas autre chose que des manifestations diverses, mais identiques dans leur essence, de la même maladie, de la scrofule.

Sans vouloir prendre ici parti entre ceux qui ne voient le vice scrofuleux nulle part, et ceux, au contraire, qui le voient partout, je ferai remarquer que les affections tuberculeuses de la peau, le lupus en particulier, semblent aussi pouvoir être combattues par les eaux de Nauheim.

Voici une observation à l'appui de cette remarque.

ONZIÈME OBSERVATION.

Lupus. — Guérison.

Léon, précepteur israélite, 24 ans, de Zumstersbach, portait, à la joue gauche, un lupus, depuis son âge de 8 ans.

Il a quitté Nauheim, complétement guéri de ce lupus, après la saison de 1854.

5 *juillet* 1855. — Je constate qu'à la place où se trouvait le lupus, il ne reste plus qu'une cicatrice d'un rouge particulier et une pustule qui s'est montrée, depuis un mois, à la partie supérieure et à dix centimètres environ du bord libre de la paupière inférieure.

Léon arrive aujourd'hui même et commence demain la cure.

6 *août*. — Ce malade est parti complétement guéri, il y a huit jours.

NOTE ADDITIONNELLE.

J'ai remarqué qu'en Allemagne et aux environs de Francfort-sur-le-Mein, la population presque tout entière est lymphatique, sinon scrofuleuse, et je demande la permission de présenter, en terminant ce paragraphe, quelques réflexions sur les causes qui produisent cette prédominance de tempérament.

Baudelocque, en France, trouvait dans la viciation de l'air l'étiologie de la scrofule; mais elle doit avoir une autre cause dans les principautés allemandes; et, après avoir recherché de quelle manière se nourrissent les habitants de ces contrées, je suis arrivé à cette conviction que là, chez les enfants prédisposés héréditairement ou autrement à la scrofule, la cause la plus fréquente de son développement est dans la manière même dont ils sont nourris dès leur jeune âge.

Pendant les premiers mois de leur vie, en effet, jusqu'à l'époque de leur première dentition, où l'on commence à observer la scrofule et ses manifestations, les enfants sevrés sont allaités artificiellement avec du lait de vache.

Dans cette contrée, les vaches sont seules employées à tous les travaux de la campagne; elles font seules tous les labours et tous les charrois de la ferme; et l'on comprend que, dans de telles conditions, elles ne donnent qu'un lait peu abondant et de qualité si inférieure, que les adultes peuvent à peine manger le beurre qu'on en retire.

Un pareil allaitement a nécessairement une influence déplorable sur la santé des enfants.

La nourriture habituelle de l'adulte contribue à développer encore les funestes effets déjà produits pendant les premières années.

Ainsi, quelques instants après être sorti de son lit, le Hessois ne prend, pour son déjeuner, qu'une simple tartine de pain avec du thé ou du café au lait, et ce repas le conduit jusqu'à une heure de l'après-midi. Il mange alors de la viande, il est vrai, si son état de fortune le lui permet; mais cette viande, presque toujours d'une pauvre qualité, n'est jamais ni rôtie ni grillée. Enfin, le soir, le dernier repas ne se compose, comme celui du matin, que de thé ou de café au lait.

J'ajoute que la bière est la boisson presque exclusive des habitants des environs de Francfort, et l'abus qu'ils en font contribue aussi à rendre molles et lymphatiques ces constitutions altérées dès l'enfance par l'effet d'une mauvaise nourriture.

§ 2.

Chloro-anémie.

Je ne citerai point d'observations pour démontrer l'efficacité des eaux de Nauheim dans la chlorose, et je me bornerai à présenter les réflexions suivantes :

L'action des sources de Nauheim sur les chloro-anémiques est si puissante, qu'elle détruit rapidement cette altération du sang, sans qu'il soit besoin d'avoir recours à l'emploi simultané des ferrugineux. Des faits nombreux prouvent que l'ingestion d'eau du Kurbrunnen ou du Salzbrunnen et les bains de la source du Grosser-Sprudel suffisent, au bout de quinze à vingt jours, pour donner les couleurs et la santé aux jeunes filles arrivées au dernier degré de l'anémie chlorotique.

Dès les premiers jours du traitement, l'eau en boisson remédie à la constipation opiniâtre qui accompagne ordinairement la chlorose, et rend à l'intestin les qualités nécessaires à ses fonctions.

En disant que la médication thermale de Nauheim guérit la chlorose, j'ai à peine besoin d'ajouter qu'elle fait cesser complétement la gastralgie que cette altération du sang, lorsque surtout elle est arrivée à une période avancée, amène presque toujours.

Elle fait cesser aussi les autres névralgies symptomatiques de cette affection.

En traitant des accidents du système nerveux et des névroses, je parlerai des palpitations de cœur qui s'observent dans la chloro-anémie.

Anémie. — Lorsque le sang est appauvri par quelque autre cause, les bains combinés avec l'eau en boisson agissent encore d'une manière très-utile et très-rapide pour reconstituer l'économie et ramener les malades à une santé complète. Aussi, les médecins de Nauheim et des contrées environnantes ont-ils l'habitude de les conseiller à ceux de leurs malades qui viennent de faire une longue et grave maladie, ont une convalescence difficile ou ne peuvent recouvrer leurs forces; et il est d'observation que, dans ces cas, les eaux de Nauheim ne sont ni irritantes ni excitantes, comme pourraient le faire craindre certains des principes chimiques qui entrent dans leur composition.

Je renvoie au paragraphe relatif aux affections localisées dans la poitrine ce qui concerne les anémies symptomatiques, notamment de la phthisie pulmonaire.

§ 3.

Rhumatisme chronique.

On sait combien sont difficiles à supporter et combien sont rebelles au traitement certains rhumatismes qui semblent se jouer, pour ainsi dire, de toutes les ressources de la thérapeutique.

Les rhumatismes chroniques ne résistent pas d'habitude au traitement par les bains et par les eaux du Kurbrunnen et du Salzbrunnen.

Je ne crois pas utile de citer les cas de guérison du rhumatisme dans ses diverses manifestations, au nombre desquelles je comprends la sciatique non symptomatique; mais je ne puis passer sous silence deux observations qui se rapportent à des rhumatismes goutteux généralisés et dont la gravité faisait languir, incapables de tout exercice et de tout travail, les malades qui en étaient atteints. Elles donneront une idée de l'énergie des eaux de Nauheim dans ces sortes d'affections.

PREMIÈRE OBSERVATION.

Rhumatisme goutteux généralisé datant de 1851. — Résultats des saisons 1854 et 1855. — Guérison.

3 *juillet* 1855. — Madame Koch, d'Hersfeld, me donne les détails suivants :

Elle est âgée de 51 ans, mère de huit enfants qui tous vivent, et ne connaît dans sa famille ni rhumatisants ni goutteux. Ses règles ont disparu, il y a trois ans. Elle éprouva à cette époque un refroidissement qui occasionna une douleur très-violente dans l'articulation de la deuxième phalange du pouce droit. Les douleurs s'étendirent progressivement à toutes les articulations du corps, à celles des membres surtout.

Elle avait une déformation des doigts telle, qu'elle ne pouvait plus les plier ni même les écarter. Au lieu d'être convexe, le carpe était creux ; elle ne pouvait faire aucun mouvement de flexion du poignet sur la main. Les mouvements des coudes et des épaules étaient possibles encore, mais gênés et douloureux.

Elle ne pouvait plus marcher. Les mouvements des hanches cependant étaient intacts ; mais ceux des genoux, des articulations tibio-tarsiennes, n'étaient que très-incomplets. Ces jointures étaient recouvertes de nombreuses tumeurs (nodus). Les articulations tarsiennes et métatarsiennes étaient aussi presque immobiles.

Elle a été amenée à Nauheim dans une chaise roulante, vers les derniers jours de juin 1854. Alors, la marche et tout exercice manuel lui étaient complétement impossibles. On la faisait manger.

Elle a commencé sa seconde saison.

État actuel. — J'ai trouvé cette malade assise à sa fenêtre, et c'est elle qui est venue me recevoir sur le seuil de sa maison.

Elle marche aujourd'hui facilement et peut tricoter. J'ai examiné ses mains et ses poignets. Les articulations du métacarpe et des phalanges sont encore déformées; mais tous les mouvements y sont revenus. Elle plie et redresse aisément les doigts. Elle me fait constater surtout avec plaisir qu'elle peut fléchir et redresser ses poignets, ce qu'elle ne pouvait pas faire avant son séjour à Nauheim.

Dès l'année dernière, quelques jours avant de cesser le traitement thermal, elle pouvait déjà marcher un peu; mais les progrès réels ne se sont bien constatés qu'à partir d'avril 1855.

Elle boit au Salzbrunnen, et prend des bains au Grosser-Sprudel. Elle est à son dix-septième jour de traitement et elle accuse une amélioration très-notable, dans la marche surtout, depuis cinq à six jours. Elle s'aperçoit de continuels progrès dans les mouvements de ses jambes; elle voit aussi ses mains changer de forme et se rapprocher de plus en plus de leur état naturel. Madame Koch va continuer sa cure; elle est convaincue qu'elle s'en ira guérie à la fin de la saison, tant est grande l'amélioration qu'elle éprouve après chaque bain.

7 août. — Madame Koch est partie, il y a huit jours, assez bien pour qu'elle n'ait plus besoin de revenir, s'il ne lui arrive point d'accidents nouveaux.

M. le docteur Bodé me dit que les mouvements des mains étaient presque aussi faciles qu'à l'état normal et que les doigts étaient de plus en plus droits. Les nodosités avaient, pour ainsi dire, disparu. Il semblait, à la marche de la malade, qu'elle n'eût jamais rien éprouvé du côté des membres pelviens.

DEUXIÈME OBSERVATION.

Rhumatisme goutteux général depuis 1849. — Guérison presque complète.

Catherine Bausch, de Roedelheim, domestique, âgée de 31 ans, — non mariée, — ancêtres rhumatisants et goutteux.

M. le docteur Bodé, étant allé, en 1850, à Roedelheim, vit Catherine Bausch, qu'un rhumatisme goutteux rendait impotente depuis plus d'une année. Il la questionna.

Jusqu'au mois de janvier précédent elle avait eu, durant deux années consécutives, une fièvre intermittente pendant laquelle ses règles avaient disparu et qui l'avait complétement anémiée.

En février ou mars 1850 avaient commencé des douleurs articulaires, légères d'abord, mais qui parcoururent toutes les jointures des membres et empêchèrent bientôt les mouvements.

Lorsque le docteur Bodé la visita, elle ne pouvait plus quitter son lit. Il dit à cette pauvre fille que si elle se faisait transporter aux sources de Nauheim et y revenait plusieurs années de suite, il espérait lui voir recouvrer la santé et l'intégrité de ses mouvements.

Au moment où je la vois, elle a déjà fait quatre saisons et a commencé la cinquième.

Après la première, elle se transportait d'un lieu à un autre en appuyant les coudes sur un point fixe mis à sa portée.

Après la deuxième, elle pouvait s'asseoir et marcher avec des béquilles.

Après la troisième, elle marchait déjà suffisamment pour aller à pied de chez elle à la demeure de son médecin.

Après la quatrième enfin, elle marchait presque sans difficulté et se servait un peu de ses mains, quoiqu'elle ne pût pas encore manger seule.

3 *juillet* 1855. — Je constate son état.

La marche est maintenant très-facile. La main gauche est déviée de dehors en dedans. Chaque doigt correspond par son articulation supérieure en dehors de la tête du métacarpien voisin. L'annulaire est le plus dévié de tous; il est placé entre le quatrième et le cinquième métacarpien. La main droite a presque sa rectitude normale, seulement les articulations phalangiennes du milieu sont gonflées et inclinées vers la paume de la main. Les deux poignets jouissent de tous leurs mouvements. La malade serre assez fort et autant de la main déformée que de l'autre.

Elle accuse une douleur qui persiste et a toujours existé depuis le commencement de la maladie, dans le genou gauche. Aussi y a-t-il encore un peu d'empâtement.

Aujourd'hui Catherine Bausch est bien réglée et n'est dérangée dans aucune de ses autres fonctions.

6 *août*. — La main gauche est toujours très-déformée. Cependant elle est plus droite : son angle, au lieu d'être de 45° par exemple, n'est plus que de 75°.

La main droite est revenue presque à l'état normal. Les mouvements de toutes ses phalanges sont très-faciles, et le gonflement qu'elles offraient ne s'aperçoit presque plus.

Elle ne souffre au genou que lors des variations de température.

Catherine a pris, de deux jours l'un, un bain d'eau salée naturelle avec neuf litres de mutter-laüge. Le jour suivant elle se faisait doucher au Grosser-Sprudel. Chaque matin, elle a bu de trois à quatre verres de l'eau du Salzbrunnen.

Elle a maintenant la physionomie d'une personne dans la santé la plus parfaite. Elle part avec l'intention de revenir encore l'an prochain pour la dernière fois ; et elle espère s'en retourner guérie complétement d'une maladie pendant laquelle elle a eu, m'a-t-elle dit, souvent la pensée de se débarrasser par la mort de ses infirmités précoces.

§ 4.

Syphilides, excès vénériens, impuissance.

Syphilides. — J'avoue ne croire à la guérison de la syphilis et de ses accidents plus ou moins éloignés, que par l'emploi des spécifiques, du mercure et de ses préparations et de l'iodure de potassium. Aussi, je ne parlerais pas de l'action des eaux dans les syphilides, si le médecin de Nauheim ne m'avait assuré qu'elles sont pour lui un adjuvant très-utile dans les manifestations secondaires et surtout tertiaires. Il se comprend très-bien, en effet, que, dans les syphilis *larvées*, lorsqu'il importe à un haut degré d'être parfaitement arrêté sur un diagnostic souvent épineux, l'action des thermes de Nauheim puisse être d'un précieux secours. Seulement, il faut être en garde contre les chances d'erreur, si les phénomènes physiologiques, que nous avons appelés la *poussée*, viennent à se montrer. La coloration spéciale, la forme souvent aussi des taches, réclament alors la plus grande attention.

Dans les cas de syphilides cutanées, l'eau est exclusivement employée en bains, concurremment avec le traitement interne suivi dans tous les pays.

Excès vénériens. — L'action des bains de Nauheim est favorable dans les affections qui ont pour cause des excès vénériens. Il y a, du reste, le plus souvent, anémie dans ces sortes d'affections, et, par conséquent, je n'ai pas besoin d'insister. Je ferai remarquer seulement que, dans le traitement de cette anémie, symptomatique de l'onanisme ou de la nymphomanie, on emploie des bains d'eau courante, dont l'effet est anaphrodisiaque, et que je considère comme très-important, dès lors, de faire accompagner les jeunes malades par un membre de leur famille pendant toute la durée du bain.

Impuissance. — S'il est indispensable, dans les cas dont je viens de parler, de laisser sommeiller les organes génitaux, il est des circonstances dans lesquelles il est utile, au contraire, de les stimuler pour en obtenir le réveil. Je ne veux pas m'appesantir sur ce point; mais je dois dire que l'effet anaphrodisiaque de l'eau courante a souvent ranimé des organes depuis longtemps inactifs.

Voici comment la *Revue des Deux Mondes* du 15 mai 1855 exprime, dans un langage un peu moins médical, cette vertu particulière des bains de Nauheim :

« Enfin une propriété des bains de Nauheim,
» qu'ils soient d'eau ou de gaz, existe encore et
» ne doit certes pas être passée sous silence. Que
» le baigneur soit nonchalamment étendu dans

» son bain du Grosser-Sprudel, dont l'eau se re-
» nouvelle et où l'acide carbonique bouillonne
» sans cesse, ou qu'il prenne un bain de vapeur
» carbonique, il ne tarde pas à ressentir sur la
» peau, dans toutes les parties du corps, un agréa-
» ble chatouillement, une délicieuse titillation,
» qui surexcitent et trompent souvent les défail-
» lances de l'âge ou d'une précoce faiblesse. »

§ 5.

Affections du système nerveux et névroses.

Affections du système nerveux. — Je n'ai certes pas plus qu'aucun de mes confrères la pensée que les maladies du cerveau, aiguës, chroniques ou organiques, puissent être traitées avantageusement par des eaux minérales. Toutefois, parmi les affections du centre de l'innervation passées à l'état chronique, il en est une qui paraît avoir été plusieurs fois modifiée par l'usage des sources de Nauheim : je veux parler de la méningite des enfants; et l'action des eaux a produit de bons résultats, surtout lorsque cette affection avait laissé des altérations profondes de l'intelligence ou du mouvement.

« L'action fondante des eaux de Nauheim, dit
» M. le docteur Bodé, en aidant à la résorption

» des fausses membranes qui empêchent le cerveau de reprendre ses fonctions, a plusieurs fois » rendu des services dans une affection qui semblait au-dessus des ressources de la thérapeutique. » Je n'ajoute rien à cette citation, dont il ne m'a pas été donné de contrôler l'exactitude. L'observation qu'elle renferme me semble d'ailleurs rationnelle.

Parmi les maladies organiques, j'appelle l'attention sur les tumeurs cérébrales scrofuleuses. Si l'on se reporte à ce que j'ai dit des eaux de Nauheim dans la *scrofule*, on reconnaîtra que le traitement par ces eaux doit nécessairement leur être applicable.

On sait quels sont les phénomènes qui annoncent, en général, l'existence d'une tumeur cérébrale. Si donc le médecin, appelé lors des premiers accidents, trouve dans la constitution, l'âge ou les antécédents des indices suffisants pour croire qu'ils ont pour origine une altération scrofuleuse, il pourra prescrire, avec espoir de succès, l'usage des eaux de Nauheim. Dans plusieurs cas de cette nature, en effet, on a obtenu des guérisons inattendues.

Ce que je viens de dire des maladies du cerveau et de ses enveloppes s'applique aux mêmes états pathologiques de la moelle. Je n'aurais donc rien à ajouter, si je n'avais à parler d'un mal peu connu en France, mais beaucoup mieux étudié en Allemagne, et que l'on appelle *tabes dorsalis*.

Le tabes dorsalis reconnaît toujours pour cause des abus des organes génitaux, et s'observe, en général, chez les personnes qui se livrent à l'onanisme, ou chez les femmes qui ont eu des couches nombreuses et rapprochées. Les symptômes de cette affection sont exactement les mêmes que ceux de la myélite chronique. On remarque seulement en outre, dans le tabes dorsalis, des érections au moindre contact ou à la moindre idée lascive, des éjaculations incessantes et une éthisie morale et physique profonde.

Dans cette maladie, l'usage des eaux de Nauheim à l'intérieur et à l'extérieur amène, chaque jour, pour ainsi dire, un changement heureux et facile à suivre; car, sous son influence, l'état général des malades s'améliore presque instantanément, et ils recouvrent, je dirais presque à vue d'œil, leurs facultés et leurs forces.

Ce serait le lieu de parler ici des paralysies, soit du mouvement, soit de la sensibilité, qui peuvent être guéries à Nauheim; mais comme ces affections sont traitées par des applications gazeuses, je ne m'en occuperai que plus loin.

Névroses. — Dans le groupe des névroses, il n'en est qu'une seule qui soit avantageusement combattue à Nauheim : c'est l'hystérie. Mais comme elle est ordinairement associée à un état chlorotique plus ou moins confirmé, ce que j'ai dit de l'influence des eaux dans la chlorose me dispense d'entrer ici dans de nouveaux détails.

§ 6.

Maladies des organes thoraciques.

Pleurésie. — On a recours avec succès aux eaux de Nauheim pour remédier à l'anémie résultant de la maladie elle-même et plus souvent du traitement antiphlogistique énergique qu'il a fallu mettre en usage pour vaincre les accidents aigus. Un temps assez court suffit, en général, pour rétablir complétement la santé et ramener les forces.

On a recours aussi aux eaux de Nauheim pour combattre l'organisation des fausses membranes qui doivent accoler plus tard les deux feuillets de la plèvre ; mais il faut, le plus souvent, une saison prolongée pour venir à bout de la douleur de côté plus ou moins vive qu'entraînent ces adhérences.

Cette action sur les dépôts pseudo-membraneux peut justifier encore l'opinion de M. le docteur Bodé sur l'influence fondante des eaux dans les suites de la méningite de l'enfance.

Phthisie pulmonaire. — La composition chimique des eaux, leur action physiologique, leur action thérapeutique dans des affections qui présentent quelque analogie avec la phthisie pulmonaire, semblaient indiquer leur emploi dans cette dernière maladie et permettre d'espérer des résultats qu'aucune méthode de traitement n'a encore donnés. Malheureusement, la pratique est venue détruire ces illusions de la théorie et montrer que, loin d'être avantageuses contre les tubercules pulmonaires, les eaux de Nauheim produisent des effets désastreux.

Toutes les observations ont prouvé, lorsque la phthisie pulmonaire avait été rigoureusement constatée, que ses progrès se développaient, sous l'influence du traitement par les eaux, avec une effrayante rapidité; et, quelquefois, le médecin n'a eu que le temps d'éloigner les malades d'un séjour qui menaçait d'être promptement funeste. Il semble que l'action fondante des eaux de Nauheim a une prédilection marquée pour le tubercule.

Je proscris donc, de toutes mes forces, leur emploi dans la phthisie pulmonaire, ne fût-elle qu'au premier degré et alors même qu'il s'agirait d'une *phthisie* dite *scrofuleuse*.

L'action fondante des eaux sur le tubercule me suggère quelques observations que je ne ferai qu'indiquer.

Cette fonte si rapide et si dangereuse des tubercules du poumon qui s'observe dans la phthisie de cet organe, ne peut-elle pas expliquer les guérisons que le traitement par les eaux amène dans les engorgements ganglionnaires sans ulcération? L'absorption, dans ces dernières affections, porterait non-seulement sur le tissu des vaisseaux lymphatiques enroulés qui constituent la glande; mais encore elle servirait à l'élimination de la matière tuberculeuse qui peut être contenue dans ces ganglions.

Ne peut-elle pas expliquer encore, et mieux peut-être, l'action puissante des sources dans les maladies tuberculeuses des os, comme dans le mal de Pott, par exemple?

On comprend très-bien que le mal vertébral ne puisse céder qu'à la condition de l'élimination des masses tuberculeuses infiltrées ou isolées dans les vertèbres. Les os pourraient alors se cicatriser et le malade guérir.

Les explications que je présente paraissent contraires à cette loi posée par M. Louis, qu'il existe toujours des tubercules dans le poumon, lorsqu'il s'en trouve dans d'autres parties du corps; mais on sait et l'expérience a démontré que cette règle, juste le plus souvent, n'est pas cependant toujours vraie.

Maladies organiques du cœur. — Les eaux de Nauheim n'ont point encore trouvé d'application dans les maladies organiques du cœur. Leur action fondante avait fait penser qu'elles pourraient être employées dans certaines péricardites et endocardites chroniques. Leur effet dans les exsudations méningées ou pleurales semblait autoriser cette espérance; mais la pratique est venue révéler que leur emploi dans ces sortes d'affections a des inconvénients immédiats et sérieux. Il amène, par exemple, des troubles dans la circulation, des crachements de sang, etc.

Dans les palpitations nerveuses du cœur, au contraire, elles ont rendu de grands services, et l'on en a obtenu d'excellents résultats même dans l'angine de poitrine.

§ 7.

Maladies des organes contenus dans l'abdomen. Troubles dyspeptiques.

La doctrine de Broussais faisait des maladies aiguës de l'estomac le fond de la pathologie; des saignées et des sangsues le fond de la thérapeutique. Les gastrites aiguës sont aujourd'hui presque un mythe pour à peu près tous les médecins.

Naguère aussi, pour beaucoup, les troubles dyspeptiques ne reconnaissaient d'autre cause que l'existence d'une gastrite chronique.

Pour mon compte, sans nier l'existence de la gastrite aiguë autre même que celle qui est produite par un empoisonnement, admettant beaucoup mieux encore la gastrite chronique comme cause de dyspepsie, je regarde comme certain que la difficulté des digestions et toutes ses suites tiennent, dans la plupart des cas, à une étiologie beaucoup plus compliquée.

Je n'ai pas l'intention de passer en revue tous les troubles de l'organe principal de la digestion; j'indiquerai seulement ceux qui peuvent trouver leur guérison à Nauheim.

J'exclus d'abord toutes les maladies inflammatoires, aiguës ou chroniques.

J'exclus aussi les maladies organiques de l'estomac.

Mais il est une nombreuse catégorie d'accidents gastriques que l'on désigne, dans la science, sous le nom de *sympathiques*, qui cèdent très-bien à un traitement par les eaux du Kurbrunnen ou du Salzbrunnen.

Parmi ces accidents, je citerai surtout les troubles dans la sécrétion de la muqueuse stomacale qui sont caractérisés par de l'anorexie, de la dyspepsie, des vomissements de mucosités, de la cardialgie, de la gastrodynie, du pyrosis, etc.

Souvent à ces symptômes se joint l'hypertrophie

du foie et de la rate, avec ou sans fièvre intermittente.

Ces accidents sont aussi victorieusement combattus par l'action des eaux ; et il est aisé de constater que lorsque l'hypertrophie du foie, par exemple, n'est pas liée à un état organique, à un cancer, à des tubercules, à un commencement de cyrrhose, elle diminue sensiblement sous leur influence ; mais il faut savoir que jamais le foie ne diminue de volume dans le traitement thermal, sans que l'action de l'eau soit marquée d'abord par une augmentation de volume de cet organe.

La même observation s'applique à l'hypertrophie de la rate.

L'hypertrophie de ces deux viscères s'observe le plus souvent, et en même temps, chez les personnes atteintes d'une fièvre paludéenne ou qui arrivent des pays chauds.

Dans ces cas, l'hypertrophie disparaît bientôt. A la m igreur succède un embonpoint qui revient promptement avec la faculté de digérer ; et le teint jaune pain d'épice des malades fait place à une coloration plus claire indiquant la diminution progressive de la cachexie paludéenne.

Constipation. — Il y a des personnes qui, sans être malades et sans avoir une vie très-sédentaire, sont sujettes cependant à une constipation opiniâtre. En passant une seule saison à Nauheim et en prenant les eaux du Kurbrunnen ou du Salzbrunnen, elles verront bientôt leurs fonctions réglées et journalières.

§ 8.

Maladies des membranes muqueuses.

C'est en parlant des applications gazeuses externes que je m'occuperai du traitement des maladies des muqueuses de l'oreille, de l'œil et du nez.

Ce paragraphe aura pour objet l'effet des eaux sur la muqueuse de la fin de l'intestin dans les deux sexes et sur celle des organes génitaux de la femme.

On a souvent observé l'action des eaux sur les hémorrhoïdaires. Ainsi il est rare qu'un malade qui a eu, même à une époque très-éloignée, des hémorrhoïdes soit soumis, à Nauheim, à un traitement hydrothérapique sans les voir réapparaître le troisième ou le quatrième jour.

Toutefois, il est des cas où le flux sanguin des vaisseaux hémorrhoïdaux ne se produit pas; et, sous ce rapport, les bains et les douches locales gazeuses ont un effet plus assuré, car ils l'amènent invariablement.

Cette propriété, à peu près constante, est d'une très-grande importance et offre une précieuse ressource pour prévenir des accidents ou hâter la guérison dans certaines maladies.

Il semble qu'on pourrait craindre de voir cet effet du traitement thermal se produire sur les personnes qui n'ont jamais eu d'hémorrhoïdes et en occasionner le développement; mais je dois dire que tous les malades, questionnés par moi à cet égard, m'ont assuré qu'ils n'avaient jamais rien éprouvé de semblable. Cela peut, du reste, se comprendre : la plupart de ceux qui viennent faire la cure de Nauheim sont loin d'apporter à leur arrivée, et n'emportent pas encore à leur départ, la constitution qui expose le plus aux hémorrhoïdes.

Les eaux de Nauheim ont aussi une action évidente sur la production d'une congestion sanguine à l'utérus, et déterminent la réapparition des règles. Cet effet se produit dans tous les cas, que la suppression des règles reconnaisse une cause physiologique ou pathologique.

Il faut donc ne prescrire, chez les femmes, le traitement thermal qu'avec une extrême prudence. Autant les eaux peuvent être favorables quand elles sont sagement employées, autant elles pourraient être nuisibles, au contraire, si elles étaient ordonnées imprudemment.

Lorsque l'on a à combattre l'*aménorrhée*, la *dysménorrhée* ou la *leucorrhée*, on prescrit utilement les bains et les douches vaginales données avec de l'eau. Ils suffisent presque toujours pour corriger ces états pathologiques.

Dans l'aménorrhée cependant, il est des cas dans lesquels il faut avoir recours aux bains et aux douches vaginales à l'acide carbonique, et il n'y a pas d'exemple, jusqu'à aujourd'hui du moins, que, sous l'action de ce moyen, le sang menstruel n'ait pas été obtenu.

Est-il besoin de dire ici que l'usage des eaux et du gaz de Nauheim doit être prohibé, à cause même des effets dont je viens de m'occuper, lorsque l'état physiologique s'oppose à la réapparition des règles? Le médecin doit s'assurer si les femmes qui viennent à Nauheim ne sont pas au commencement d'une grossesse, et il le doit d'autant plus que la femme peut elle-même l'ignorer ou avoir intérêt à le dissimuler.

§ 9.

Maladies des membranes séreuses.

J'ai parlé ailleurs de l'action des eaux de Nauheim sur les pseudo-membranes que les inflammations chroniques ou aiguës des séreuses développent dans les cavités crânienne ou thoracique. Je ne m'occuperai donc dans ce paragraphe, que des fausses membranes qui suivent les inflammations subaiguës ou chroniques, soit de la séreuse tapissant les intestins et la cavité abdominale presque tout entière, soit des séreuses des articulations.

Péritonite. — Lorsqu'une péritonite, non symptomatique, causée, je suppose, par un refroidissement, s'est déclarée, qu'il s'est épanché de la sérosité dans le péritoine et dans le tissu cellulaire des membres abdominaux, il arrive que les purgatifs, les diurétiques, les exutoires, etc., échouent, et que le médecin reste embarrassé pour remédier à ces accidents tenaces. Plusieurs cas de ces épanchements séreux, que je dirai simples, se sont terminés d'une façon très-favorable après une seule saison à Nauheim. Les malades s'y soumettaient à la fois à la boisson et aux bains, et guérissaient ainsi une ascite et une anasarque qui, jusque-là, s'étaient montrées rebelles.

Lorsque ce n'est point de sérosité qu'il s'agit, mais seulement de fausses membranes, la guérison se fait encore moins attendre et leur résorption est plus prompte.

Ai-je besoin d'ajouter que ce que je viens de dire n'est vrai que dans les péritonites qui ne sont point occasionnées par la présence de tubercules développés dans le péritoine?

Les eaux de Nauheim ne s'emploient donc que dans la moins commune des péritonites, c'est-à-dire dans l'*essentielle* et contre les épanchements séreux qui se font dans la cavité abdominale sous l'influence d'un état général.

Douleurs articulaires. — hydarthrose. — La cure est encore plus simple lorsqu'il s'agit des maladies des séreuses qui tapissent les articulations. Ainsi, il n'est plus besoin de grands bains, et il est beaucoup moins utile de boire l'eau du Kurbrunnen ou du Salzbrunnen. On emploie, en proportionnant le moyen curatif au mal qu'il s'agit de vaincre, les douches sur le point douloureux et l'application locale et souvent renouvelée de compresses imbibées d'eau mère, qui produisent l'éruption dont j'ai parlé ailleurs. Ce traitement fort simple a toujours amené d'excellents résultats dans les douleurs articulaires, suite de rhumatisme ou d'arthrite non rhumatismale et d'hydarthrose.

§ 10.

Maladies de la peau.

Les eaux de Nauheim ont une action curative reconnue contre les dermatoses chroniques, et elles agissent que ces dernières soient squammeuses, tuberculeuses, pustuleuses ou papuleuses.

Je ne parlerai pas de toutes les variétés de ces affections; mais j'aurai cité les plus graves en indiquant l'influence des eaux et leur mode d'emploi dans les diverses sortes de lèpre, de psoriasis, d'ichthyose et de pityriasis; dans le lupus, dans l'acné, la mentagre et le porrigo; enfin dans le lichen et le prurigo.

Les maladies de peau ne doivent pas toutes être traitées de la même manière. Aux unes, il faut les bains d'eau simple accompagnés ou non de boisson; les autres veulent l'addition d'eau mère; d'autres se trouvent mieux du strombad (bain d'eau courante); d'autres enfin doivent être exclusivement traitées par les bains généraux ou par les douches localisées du gaz du Kleiner-Sprudel.

Les squammes et les tubercules cutanés sont heureusement modifiés par le traitement liquide exclusivement; les papules, c'est-à-dire le lichen et le prurigo, se trouvent tantôt bien du traitement par l'eau, tantôt mieux du traitement par le gaz; les pustules, l'acné, la mentagre et le porrigo ne cèdent qu'au traitement gazeux.

Dans les diverses sortes de lèpre et de psoriasis, dans les ichthyoses, l'eau doit être prise à l'intérieur et à l'extérieur. Les bains sont toujours conseillés au commencement du traitement sans addition aucune.

Dans ces maladies essentiellement chroniques de la peau, il faut arriver progressivement à la stimuler assez pour qu'elle change de couleur et qu'elle rougisse; mais il faut aller lentement et par degrés pour ne pas être obligé de suspendre la médication, à cause de la douleur générale qu'elle occasionne et de la fièvre qui pourrait être allumée avec trop d'intensité.

Lorsque le médecin permet l'addition d'eau mère dans les cas qui m'occupent, il ne le fait que graduellement et en en surveillant avec soin les effets.

Dans certains cas particuliers, on conseille le bain d'eau courante. C'est lorsque les bains ordinaires à l'eau dormante ne produisent pas assez d'effet et qu'une addition, même légère, de mutterlaüge en produirait trop. Les bains de vague dans la baignoire tiennent, dans ces cas, le juste milieu qui convient à la sensibilité cutanée du malade.

Dans la lèpre, le psoriasis, l'ichthyose, il est d'usage d'associer au bain l'ingestion de l'eau des sources du Kurbrunnen et du Salzbrunnen tous les matins.

On sait combien les dermatoses guérissent difficilement, et on connaît leur tendance à la récidive. Une saison à Nauheim suffit le plus souvent pour obtenir une cure radicale ou au moins de longue durée. Dans les cas où l'affection réapparaît au printemps, la guérison se complète en retournant aux eaux à la saison suivante.

Je ne citerai point d'observations de guérison ou d'amélioration de ces maladies; mais je ne puis résister au désir de rappeler combien un traitement d'un mois seulement a produit de remarquables résultats sur une jeune fille de quinze ans, Otille Herzog (de Cassel), qui portait sur tout le corps, mais plus particulièrement sur les membres, des squammes noirâtres, imbriquées, très-rudes au toucher et entourées d'une coloration blanchâtre. La peau avait un aspect chagriné et laissait tomber par le frottement des écailles furfuracées faisant contraste avec les squammes noires dont j'ai déjà parlé.

Sous mes yeux, pour ainsi dire, et jour par jour, la peau reprit sa souplesse et sa coloration normales. Cette jeune fille retourna chez elle complétement guérie.

Lorsque les malades ne portent que du pityriasis, il est parfaitement inutile d'avoir recours à une médication thermale compliquée. Des bains du Grosser-Sprudel suffisent pour arrêter promptement cette maladie, légère d'ailleurs.

La même observation s'applique, en général du moins, au lichen et au prurigo, quoique ces affections papuleuses soient d'une guérison moins facile et moins prompte. Toutefois, il est des cas dans lesquels, ces maladies résistant même aux bains d'eau courante ou additionnée, il faut avoir recours à l'appareil des bains gazeux.

C'est le gaz qu'on emploie pour guérir l'acné, la mentagre, le porrigo.

TITRE II.

ACTION THÉRAPEUTIQUE DES BAINS ET DES DOUCHES DE GAZ. — ACTION THÉRAPEUTIQUE DU GAZ PRIS A L'INTÉRIEUR.

Après avoir éprouvé les singuliers phénomènes du gaz du Kleiner-Sprudel, après avoir vu surtout les résultats que l'on obtient dans certaines affections, tant internes qu'externes, je désirai le soumettre à la savante analyse de M. Chatin.

Ma première tentative n'eut pas le succès que j'en attendais. Une certaine quantité d'air s'était sans doute, malgré mes précautions, introduite dans les flacons où le gaz avait été recueilli et l'analyse qui fut faite à Paris n'en donna pas la composition exacte.

Lorsque je retournai à Nauheim vers la fin de la première saison, je réclamai le concours de MM. Ludwig et Mojon; et voici de quelle manière le gaz fut capté.

Des fioles à médecine ayant une assez large ouverture furent mises pleines de l'eau de la source sur une cuve hydrargyrique ; le gaz fut reçu, sur le jet même, sous un baquet percé à sa partie supérieure ; un tuyau en caoutchouc amena le gaz dans la cuve à mercure et dans les fioles dont on se servait comme d'éprouvettes.

Ces fioles remplies furent bouchées à la lampe d'émailleur, et leur goulot fut étiré.

Voici le résultat de l'analyse de M. le professeur Chatin :

Gaz.

Sur 100 volumes de gaz, j'ai trouvé :

Gaz acide carbonique. . . .	93.4
— azote.	6.2
— oxygène	4
Total.	100.000

J'ai dit que le gaz s'emploie en bains généraux, en douches locales ou à l'intérieur. Je vais parler d'abord des bains de gaz.

§ 1er.

Bains de gaz.

Les bains de gaz ont été employés avec succès, surtout dans les affections rhumatismales. Il n'est pas de saison dans laquelle des rhumatisants à une période plus ou moins avancée n'en éprouvent un très-grand bienfait.

La manifestation rhumatismale la plus grave peut-être est, comme on le sait, la paralysie. Le traitement gazeux a contre elle des effets extrêmement puissants.

De toutes les formes de paralysies, la paraplégie cède le plus vite et guérit le mieux. Aussi tous les paralytiques qui arrivent à Nauheim privés d'une plus ou moins grande partie de leurs membres inférieurs, sont-ils soumis d'emblée à la médication sèche.

Lors même que la paralysie est complète, le mouvement revient chaque jour peu à peu, et quelquefois d'une manière assez marquée pour que le progrès se reconnaisse après chaque bain. Il est des cas même où le traitement a été si efficace, que quinze bains ont suffi pour permettre la marche à des rhumatisants qui n'avaient pu se servir de leurs membres depuis des années entières.

On est frappé aussi de voir combien l'action du gaz est puissante dans les paralysies hystériques. Ces paralysies sont, il est vrai, les moins graves de toutes; mais on n'ignore pas que parfois elles se montrent assez tenaces pour fatiguer les médications les mieux appropriées et les plus rationnelles.

Ce que je viens de dire du gaz de Nauheim sur les paralysies essentielles, si je peux m'exprimer ainsi, ne doit pas être appliqué à celles qui reconnaissent pour cause une affection organique du cerveau et de la moelle, ou qui sont occasionnées par un foyer sanguin dans le centre nerveux. J'ai indiqué l'action tonique du traitement liquide et les dangers qu'il y aurait à l'employer sur des individus pléthoriques. Les bains de gaz doivent être, dans les mêmes circonstances, proscrits à bien plus forte raison. Il suffit, pour s'en convaincre, de se reporter aux observations que j'ai présentées en m'occupant de l'action physiologique de ces bains.

Les médecins de Nauheim savent parfaitement combien peut être dangereux cet agent, quelquefois si utile, qu'ils ont entre les mains, et ils ne manquent jamais, avant d'autoriser les malades à commencer la cure gazeuse, de prendre les plus minutieuses informations sur leur tempérament, leurs antécédents, etc., etc.

Il est encore une affection bien fréquente et bien douloureuse, que les bains carboniques généraux ont guérie un assez grand nombre de fois depuis que l'établissement du Kleiner-Sprudel existe : c'est la sciatique, qui appartient, suivant les uns, aux névralgies, suivant les autres, au rhumatisme.

L'essence de la maladie importe peu ici, où j'ai surtout pour but de faire connaître un moyen curatif.

Les bains de gaz de Nauheim opèrent souverainement dans les sciatiques essentielles, plus fréquentes que je ne le croyais avant d'avoir visité l'Allemagne. Ils ont vaincu des sciatiques de cette nature qui s'étaient montrées rebelles à tout autre traitement. Je ferai remarquer seulement, quant à la manière dont ces bains doivent être pris, que le malade doit avoir soin de recevoir, le plus possible, sur le membre pelvien attaqué, le jet du gaz arrivant dans la boîte.

Les bains n'ont pas la même vertu curative quand il s'agit de sciatiques symptomatiques de lésions organiques ou de tumeurs comprimant le plexus ou le nerf sciatique, soit à son origine, soit dans son trajet.

Je l'ai dit, dans le lichen et le prurigo, il arrive quelquefois qu'après avoir inutilement essayé, sans un complet succès, du traitement par l'eau, on a recours aux bains généraux de gaz pour parfaire une guérison que le Grosser-Sprudel n'avait pu complétement procurer.

D'autres fois, au contraire, les malades qui ont débuté par les bains de gaz sont obligés de les suspendre à cause de la sensibilité ou des douleurs qu'ils déterminent à la peau, trop enflammée sous leur action, et de recourir momentanément aux bains émollients.

§ 2.

Douches locales gazeuses.

Les douches locales gazeuses sont appliquées presque exclusivement dans certaines affections des sens spéciaux, dans certaines pertes du mouvement d'une partie d'un membre, d'un ou de plusieurs doigts, par exemple, dans les ulcères atoniques et dans les maladies pustuleuses de la peau.

Maladies de l'oreille externe.—Dans toutes les surdités qui tiennent à une affection chronique du conduit auditif externe, les douches gazeuses rendent de très-grands services : ainsi leur utilité est reconnue dans toutes les otorrhées qui dépendent soit d'une subinflammation de la muqueuse, soit d'une maladie des os déterminée surtout par un vice scrofuleux.

Les douches ont produit encore d'heureux effets

lorsque la paracousie a une cause différente, que l'examen le plus attentif essaye vainement de localiser. Je conseille donc, dans tous les cas, de faire suivre cette médication aux malades chez lesquels les autres modes de traitement seraient demeurés impuissants; mais comme cette tentative elle-même pourrait ne pas vaincre la surdité, il importe alors que les malades ne conçoivent pas des espérances dont la perte leur laisserait de trop vifs regrets.

J'ai remarqué que, pendant l'application de l'ajutage, le malade éprouve toujours et immédiatement une plus grande sensibilité de l'ouïe. A quelle cause attribuer ce phénomène?

Je pense que l'impétuosité du jet gazeux, le bruit qu'il fait, la force avec laquelle il s'écoule, suffisent pour stimuler assez la membrane du tympan et expliquer cette hyperesthésie du sens auditif.

Ces mêmes raisons expliquent aussi, ce me semble, la plus grande sensibilité de l'ouïe qui persiste quelques moments après la cessation de la douche.

Il est à remarquer encore que, même dans les surdités qui ne doivent pas guérir, la perception des sons reste plus facile et plus distincte pendant près de deux heures après la douche et sous l'influence de son effet. Seulement dans ces cas, et ce temps écoulé, la surdité revient à son même degré, tandis qu'elle diminue progressivement et de jour en jour chez celui qui peut être ramené à l'état physiologique.

Le médecin qui dirige la cure s'apercevra ordinairement, après quinze séances environ, si la maladie est ou n'est pas curable.

J'avertis que ces phénomènes divers se présentent au surplus quelquefois sans qu'en apparence il soit possible, avant ou après le traitement, de rien constater d'organique, et que, lorsqu'il existe un écoulement purulent, on peut reconnaître, à sa quantité et à sa nature, la marche, si lente qu'elle soit dans les premiers temps, vers la guérison espérée.

Les injections gazeuses doivent être dosées suivant les exigences des cas que l'on a à traiter. Je ne puis donc rien dire ici d'absolu ; mais on commence le plus souvent par une ou deux douches chaque jour, et l'on en porte plus tard le nombre à quatre, cinq ou six, suivant les malades et les maladies.

Maladies palpébrales et oculaires. — Dans les paralysies de la paupière supérieure qui sont le résultat d'un refroidissement brusque, les douches gazeuses rendent au voile supérieur de l'œil sa tonicité et conduisent à une prompte guérison.

On ne doit pas employer les douches lorsque la paralysie de la paupière est le symptôme d'une affection cérébrale, dépend d'une hémorrhagie, d'un ramollissement, ou, ce qui arrive si fréquemment, de la présence d'une tumeur se développant à la base du crâne ou du cerveau. Ce que j'ai dit, en m'occupant des paralysies en général, me dispense d'insister de nouveau sur ce point.

On obtient par les douches gazeuses la guérison d'inflammations oculo-palpébrales; mais le traitement diffère dans les conjonctivites aiguës et dans celles qui sont chroniques.

Dans les conjonctivites aiguës, il faut veiller à ce que le malade ne reçoive, au commencement surtout, le jet gazeux que sur la paupière. Si la douche portait directement sur le globe oculaire, l'inflammation ne tarderait pas à augmenter, et les douleurs pourraient devenir si violentes, qu'il n'y aurait pas moyen de continuer le traitement. Lorsque la douche n'est dirigée que médiatement sur la conjonctive et pendant un temps assez long pour que les paupières rougissent complétement à l'extérieur, on obtient, dès les premiers jours, une amélioration marquée de la conjonctivite, même la plus aiguë.

Du reste, on a rarement à traiter, à Nauheim, ces sortes de conjonctivites. Les malades des environs ou ceux qui sont atteints pendant le temps qu'ils sont aux eaux viennent seuls réclamer le secours des douches.

Si le traitement des conjonctivites palpébrales ou oculaires aiguës est peu fréquent, celui des conjonctivites chroniques est beaucoup plus commun.

On sait que, s'il en est qui cèdent assez facilement aux topiques aidés, au besoin, d'un traitement général, il en est d'autres qui ne peuvent être que difficilement guéries. Dans les cas où tous les moyens employés n'ont amené aucun résultat satisfaisant, il faut prescrire au malade, s'il s'agit d'enfants surtout, de changer de climat, d'aller au bord de la mer ou dans les montagnes pour essayer d'obtenir une guérison inutilement cherchée jusqu'alors.

L'action des douches dans les conjonctivites est rapide et change bientôt l'aspect des malades, chez lesquels disparaissent successivement la photophobie, le larmoiement, la lagophthalmie et le boursouflement des paupières. Elles peuvent donc être d'un secours précieux dans ces conjonctivites chroniques.

L'inflammation peut être profonde et altérer une partie plus importante de l'organe de la vision; ce n'est plus la muqueuse qui est malade, c'est la cornée transparente, et il y a *kératite*, soit aiguë, soit chronique. Les douches gazeuses sont employées aussi avec succès; mais il faut appliquer à la kératite aiguë les observations que j'ai présentées en parlant du traitement de la conjonctivite aiguë.

Lorsque la kératite est chronique, vasculaire et superficielle, ou ulcéreuse et profonde, les dangers qu'elle fait courir au malade rendent plus important encore le traitement par les douches.

Dans la kératite vasculaire superficielle, ou même intersticielle, l'amélioration suit ordinairement les premières applications gazeuses.

Si la kératite est profonde et compliquée d'ulcérations, cause fréquente de la perte de la vue par écoulement du liquide des milieux et par procidence de l'iris, le jet d'acide carbonique, pour être moins prompt, n'est pas moins sûr dans son action curative. Ainsi, les ulcérations de la cornée se détergent, creusent de moins en moins, deviennent chaque jour plus superficielles, et le malade ne conserve bientôt plus que des albugo ou des leucoma qui disparaissent eux-mêmes sous l'influence d'une saison prolongée.

Il est probable que si l'inflammation, plus profonde encore, affectait l'*iris*, le gaz de Nauheim aurait la même action salutaire; mais je n'ai pas eu l'occasion de constater leur influence sur des ophthalmies de cette nature; et, comme j'ignore si quelques-unes ont été traitées à Nauheim, depuis que l'établissement du Petit-Sprudel y est organisé, je m'abstiens d'insister sur ce point.

Il me reste à constater l'effet des douches gazeuses dans l'*amaurose;* et ici il m'est aisé de ne parler que d'après des observations nombreuses, car c'est, peut-être, dans cette maladie que l'influence des douches carboniques a le plus excité l'attention.

L'amaurose est ou en train de se produire ou confirmée, et c'est surtout dans sa première phase qu'il est important d'employer les douches du Petit-Sprudel, afin d'empêcher son développement; mais je ne saurais trop conseiller de recourir le plus promptement possible à ce moyen curatif, dont on a si souvent constaté l'efficacité, car on sait qu'après un certain délai l'amaurose, maladie toujours si grave et si inquiétante, devient incurable au dernier chef.

Sous l'influence des douches, la maladie s'arrête au bout de quelques jours, et il est des cas où, faisant subitement comme un retour sur elle-même, elle disparaît et laisse l'organe reprendre ses fonctions.

Maladies des fosses nasales. — Les douches locales du gaz du Kleiner-Sprudel s'emploient dans l'augmentation et les changements de caractère du mucus sécrété par la membrane pituitaire. Lorsque ces troubles dépendent d'une inflammation chronique simple de la muqueuse qui tapisse les fosses nasales, ils sont assez promptement modifiés et guéris. Lorsque c'est une altération des os qui les produit, le traitement est plus long; mais on finit toujours par triompher du mal, pourvu, bien entendu, qu'il ne s'agisse pas d'accidents syphilitiques ou cancéreux.

Sous l'influence des douches la sécrétion de la membrane de Schneider diminue peu à peu, et son odeur devient, en même temps, de moins en moins fétide.

Les individus qui sont privés congénialement du sens de l'odorat n'ont rien à attendre de l'usage des douches de gaz; mais dans les cas où l'anosmie résulte d'une maladie antérieure des fosses nasales, les douches locales, en stimulant la muqueuse et en surexcitant sa vitalité, peuvent rendre à son état physiologique un sens complétement assoupi.

Paralysies des doigts du membre supérieur. — Il arrive quelquefois que, sous l'influence rhumatismale, ou après certaines blessures, se produit, limitée aux doigts d'une main ou même à un seul doigt, une paralysie qui, surtout lorsqu'elle porte sur la main droite, est extrêmement gênante. Les douches gazeuses agissent, dans ces cas, avec une grande puissance et font recouvrer des mouvements souvent perdus depuis longtemps.

Ulcères. — Les douches gazeuses impriment aux ulcères *atoniques*, à quelque place qu'il faille les aller chercher, la vitalité qui leur manque pour arriver à réparation et à cicatrice. Il n'est pas d'ulcères de cette nature plus fréquents que ceux des membres inférieurs et, en particulier, que les ulcères variqueux des jambes; aussi, chaque année, les personnes qui en sont atteintes viennent-elles, en assez grand nombre, demander leur guérison au gaz du Petit-Sprudel.

Sous l'influence du jet gazeux, et au bout de peu de temps, le fond de ces ulcères, grisâtre, blafard et à suppuration de mauvaise qualité, reprend une coloration qui fait présager la guérison, et les bourgeons charnus se développent quelquefois avec une telle énergie, qu'on est obligé d'avoir recours à des cautérisations pour les réprimer.

Maladies pustuleuses de la peau. — Les maladies de la peau qui réclament l'usage des douches locales de gaz sont l'acné, la mentagre, le porrigo.

Dans ces trois maladies, il faut surexciter la vitalité de la membrane externe au pourtour des pustules, et on doit avoir soin, par conséquent, de diriger le jet d'acide carbonique sur le mal et aux environs du mal lui-même. En général, la guérison ne se fait pas très-longtemps attendre. Il est impossible toutefois de déterminer, même d'une manière approximative, quelle doit être la durée du traitement; mais je puis dire que, le plus ordinairement, vingt ou quarante jours suffisent pour l'acné et la mentagre. Le porrigo, le *decalvans* surtout, exige un traitement plus prolongé.

§ 3.

Du gaz pris à l'intérieur.

On prescrit le gaz à l'intérieur aux personnes chez lesquelles les digestions ne se font plus ou se font mal, et entraînent, après elles, tous les accidents qui suivent une nutrition incomplète.

Lorsque, sous l'influence d'une *dyspepsie*, dite essentielle, en attendant que nous sachions mieux de quelle lésion elle dépend, le malade ne digère plus ou digère mal, l'ingestion de l'acide carbonique a pour effet de permettre à certains aliments de passer et de rendre, de jour en jour, les digestions moins laborieuses. Elle a encore d'autres avantages : les vomissements de matières muqueuses, lorsqu'ils existent, deviennent moins fréquents d'abord et finissent par disparaître. On cesse aussi d'observer de la constriction et de la douleur épigastriques ; les aliments, de plus en plus substantiels, sont tolérés ; et, la nutrition devenant progressivement plus complète, les malades ne tardent pas à voir leur maigreur diminuer, leur teint reprendre un peu d'animation, et leurs traits un aspect moins langoureux et moins abattu.

Quand la dyspepsie est survenue à la suite d'une lésion organique de l'estomac, ou quand elle est sous l'influence d'une altération d'un organe éloigné, l'ingestion du gaz est nécessairement sans efficacité, et elle pourrait être nuisible. Mais je n'avais pas besoin, sans doute, de faire remarquer que, dans ces sortes de maladies, on n'a jamais à prescrire une médication de la nature de celle qui m'occupe.

Ici se termine cette étude sur les thermes de Nauheim.

Je n'ai pas la prétention d'avoir été complet. Toutefois, la partie qui laisse le plus à désirer, sans doute, est celle où j'ai traité de l'emploi du gaz à l'extérieur et à l'intérieur. Cette matière est nouvelle encore. En France, on a négligé jusqu'à ce jour, et cela est fort regrettable, d'utiliser, comme moyen thérapeutique, les gaz qui s'échappent de diverses eaux thermales. Il n'y a guère, en effet, qu'au Mont-Dore où le gaz et surtout la vapeur d'eau soient appliqués, et ils ne le sont qu'au traitement des affections des bronches ou des poumons. En Allemagne, le gaz des sources n'est employé non plus que dans quelques établissements thermaux; et après une plus longue expérience seulement, il sera possible d'en bien déterminer la puissance et les avantages.

J'avais averti, du reste, que ce travail aurait un caractère *pratique* avant tout, et j'ai dû éviter, autant que possible, de me laisser entraîner aux séductions de théories souvent si décevantes. Mon but était beaucoup plus modeste, et je l'aurai atteint si j'ai suffisamment fait connaître la composition chimique à la fois liquide et gazeuse des sources de Nauheim, leurs vertus physiologiques, leurs divers modes d'emploi et les maladies dans lesquelles il a été reconnu qu'elles sont utiles, indifférentes ou nuisibles.

FIN.

TABLE DES MATIÈRES.

14

DEUXIÈME PARTIE.

CHAPITRE PREMIER.

CHAPITRE II.

TITRE PREMIER.

TITRE II.

www.ingramcontent.com/pod-product-compliance
Ingram Content Group UK Ltd.
Pitfield, Milton Keynes, MK11 3LW, UK
UKHW021118220726
13924UKWH00004B/1789